Umsetzungen schwerlöslicher Bleisalze mit wässerigen Lösungen kohlensaurer Alkalien.

Von

Dr. Friedrich Auerbach,   und   **Dr. Hans Pick,**
Regierungsrat,   wissenschaftlichem Hilfsarbeiter
im Kaiserlichen Gesundheitsamte.

Sonderabdruck aus
„Arbeiten aus dem Kaiserlichen Gesundheitsamte", Band XLV, Heft 2.

Springer-Verlag Berlin Heidelberg GmbH
1913

ISBN 978-3-662-22878-4   ISBN 978-3-662-24820-1 (eBook)
DOI 10.1007/978-3-662-24820-1
Softcover reprint of the hardcover 1st edition 1913

Inhalt.

Seite

I. Das Verhalten von Bleicarbonat, basischem Bleicarbonat und Bleisulfat in wässerigen Lösungen kohlensaurer Alkalien

Einleitung 1

Allgemeiner Gang der Untersuchung 2

Das Gleichgewicht zwischen Bleicarbonat und basischem Bleicarbonat bei 18 ⁰ . . . 5

Das Doppelsalz: Basisches Natriumbleicarbonat 10

Theoretische Betrachtung der Gleichgewichte zwischen den drei Bleisalzen 20

Die Gleichgewichte zwischen den drei Bleisalzen bei 37 ⁰ 25

Die Gleichgewichte zwischen den Bleicarbonaten und natriumsulfathaltigen Lösungen der Natriumcarbonate 26

Die Umsetzung von Bleisulfat mit Natriumcarbonatlösung 37

Die Umsetzung von Bleisulfat mit Natriumhydrocarbonatlösung 40

Das Gleichgewicht zwischen Bleisulfat, Bleicarbonat und basischem Bleicarbonat . . 44

Löslichkeitsprodukte der Bleicarbonate 48

Allgemeine Betrachtungen über das Doppelsalz 51

Zusammenfassung 52

II. Das Verhalten von Bleichromat und basischem Bleichromat in wässerigen Lösungen kohlensaurer Alkalien

Einleitung 54

Ausgangsstoffe und Analysenmethoden 55

Die Umsetzung von Bleichromat mit Natriumcarbonatlösung bei 18 ⁰ 57

Das Gleichgewicht von Bleichromat, basischem Bleichromat und Bleicarbonat mit Lösungen vom Gesamt-Na-Gehalt 0,1 n 59

Dasselbe Gleichgewicht mit Lösungen vom Gesamt-Na-Gehalt 0,05 n 65

Theoretische Betrachtung der Gleichgewichte zwischen den drei Bleisalzen 69

Löslichkeitsprodukte der Bleichromate 73

Gleichgewicht der beiden Bleichromate mit basischem Bleicarbonat und basischem Natriumbleicarbonat 74

Die Umsetzung von Bleichromat mit Natriumhydrocarbonatlösung 76

Zusammenfassung 78

III. Die Bleiabgabe schwerlöslicher Bleisalze an Natriumhydrocarbonat enthaltende Lösungen 79

Das Verhalten von Bleicarbonat, basischem Bleicarbonat und Bleisulfat in wässerigen Lösungen kohlensaurer Alkalien.

Von

Dr. Friedrich Auerbach
Regierungsrat,

und

Dr. Hans Pick
wissenschaftlichem Hilfsarbeiter

im Kaiserlichen Gesundheitsamte.

Inhalt: Einleitung. — Allgemeiner Gang der Untersuchung. — Das Gleichgewicht zwischen Bleicarbonat und basischem Bleicarbonat bei 18°. — Das Doppelsalz: Basisches Natriumbleicarbonat. — Theoretische Betrachtung der Gleichgewichte zwischen den drei Bleisalzen. — Die Gleichgewichte zwischen den drei Bleisalzen bei 37°. — Die Gleichgewichte zwischen den Bleicarbonaten und natriumsulfathaltigen Lösungen der Natriumcarbonate. — Die Umsetzung von Bleisulfat mit Natriumcarbonatlösung. — Die Umsetzung von Bleisulfat mit Natriumhydrocarbonatlösung. — Das Gleichgewicht zwischen Bleisulfat, Bleicarbonat und basischem Bleicarbonat. — Löslichkeitsprodukte. — Zusammenfassung.

Einleitung.

Den Ausgangspunkt der in der vorliegenden und den beiden nachstehenden Abhandlungen beschriebenen Untersuchungen bildete die Frage nach der Angreifbarkeit einiger schwerlöslicher Bleisalze, insbesondere des Bleisulfats und Bleichromats, durch die Verdauungssäfte der Pankreasdrüse und des Dünndarms. Da nur gelöstes Blei im Darm zur Aufsaugung gelangen und dann seine Giftwirkung entfalten kann, so ist die Kenntnis der Bleimengen, die von den Verdauungssäften aus jenen Bleisalzen aufgenommen werden, für deren toxikologische Beurteilung von Bedeutung.

Wie wir in unserer Untersuchung über die Alkalität von Pankreassaft und Darmsaft lebender Hunde[1] gezeigt haben, verdanken diese Verdauungssekrete ihre schwach alkalische Reaktion im wesentlichem einem Gehalt an Natriumbicarbonat, dem höchstens geringe Mengen von Natriumcarbonat, Soda, beigemengt sind. Von anorganischen Bestandteilen der Säfte kommt daneben nur noch Natriumchlorid in Betracht, dessen Menge im Darmsaft diejenige des Bicarbonats überwiegt, im Pankreassaft dagegen hinter ihr zurückbleibt. Man kann annehmen, daß wässerige Lösungen dieser Salze sich den schwerlöslichen Bleisalzen gegenüber annähernd ebenso verhalten werden wie Pankreassaft und Darmsaft selbst. Somit sahen wir uns vor die Aufgabe gestellt, den Angriff von Bleisulfat und Bleichromat durch Natriumhydrocarbonatlösungen mit wechselnden Mengen von zugefügtem Natriumcarbonat und Kochsalz zu untersuchen.

---

[1] Auerbach und Pick, Arb. a. d. Kaiserl. Gesundheitsamte **43**, 155 (1912).

Wie nach der Schwerlöslichkeit des Bleicarbonats zu erwarten und auch aus einigen Literaturangaben zu entnehmen war, kann die Einwirkung von Lösungen der kohlensauren Alkalien auf Bleisulfat und Bleichromat nicht in einem einfachen Lösungsvorgange bestehen; vielmehr müssen wechselseitige Umsetzungen, die zu Blei-carbonat oder anderen schwerlöslichen Bleisalzen führen, eintreten, was durch den Verlauf unserer Untersuchungen bestätigt und im einzelnen klargestellt wurde. Dem-gegenüber konnte der Einfluß des Natriumchlorids nur ein untergeordneter sein, weil mit einer Ausfällung von Bleichlorid wegen seiner erheblich größeren Löslichkeit nicht zu rechnen war. Dem Einflusse des Chlornatriums wurde daher erst bei der Fest-stellung der eigentlichen bleilösenden Wirkung der Versuchsflüssigkeiten, über die in unserer dritten Abhandlung berichtet wird, Aufmerksamkeit zugewandt. Dagegen empfahl es sich, um einen klaren Einblick in die obwaltenden Umsetzungsverhältnisse zu erlangen, die Versuche nicht auf Hydrocarbonatlösungen mit sehr geringem Soda-gehalte zu beschränken, wie dies durch die erwähnten physiologischen Bedingungen im Darm nahegelegt wurde, sondern alle möglichen Gemische aus Hydrocarbonat- und Carbonatlösungen einschließlich der reinen Einzellösungen zur Untersuchung heranzuziehen. Außerdem wurde die Gesamtkonzentration der Carbonat- und Hydro-carbonatlösungen — über das physiologisch in Betracht kommende Gebiet hinaus — von 0,02 n bis 0,25 n variiert.

Die vorliegende Abhandlung behandelt die Umsetzungen des Bleisulfats, die folgende diejenigen des Bleichromats mit Lösungen von Alkalicarbonat, Alkalihydro-carbonat und ihren Gemischen.

Allgemeiner Gang der Untersuchung.

Nach einer Veröffentlichung von W. Herz[1]), die bei Beginn unserer Versuche erschien, soll die Umsetzung von Bleisulfat mit Natriumcarbonatlösung einfach gemäß

$$PbSO_4 + CO_3'' \rightleftarrows PbCO_3 + SO_4''$$

verlaufen und bei einem Gleichgewichtszustande haltmachen, in dem das Verhältnis der molekularen Konzentrationen von Sulfat zu Carbonat in der Lösung $[SO_4''] : [CO_3'']$ etwa gleich 100, also noch etwa 1 Proz. des ursprünglichen Carbonatgehaltes der Lösung vorhanden ist. Dieses Ergebnis erschien aus theoretischen Gründen befremdlich. Sollen Bleicarbonat und Bleisulfat nebeneinander mit einer Lösung sich im Gleichgewicht befinden, so müssen nach den für die Löslichkeit schwerlöslicher Salze gültigen Gesetzen die Bedingungen

$$[Pb^{..}] \cdot [SO_4''] = L_{PbSO_4}$$
$$[Pb^{..}] \cdot [CO_3''] = L_{PbCO_3}$$

gleichzeitig erfüllt sein. Dabei bedeuten die in Klammern gesetzten Formeln die Konzentrationen der betreffenden Molekelarten in der Lösung in Mol/l und L die Löslichkeitsprodukte der betreffenden Salze, die für gegebene Temperatur konstant sein sollen. Durch Division folgt:

$$\frac{[SO_4'']}{[CO_3'']} = \frac{L_{PbSO_4}}{L_{PbCO_3}}.$$

---

[1]) W. Herz, Ztschr. f. anorg. Chem. **72**, 106 (1911).

Mit Benutzung der von Pleißner[1]) auf ziemlich sicherer Grundlage für 18^0 hergeleiteten Zahlenwerte[2])

$$L_{PbSO_4} = 1,06 \cdot 10^{-8}$$
$$L_{PbCO_3} = 3,3 \ \cdot 10^{-14}$$

folgt als Gleichgewichtsbedingung der Reaktion

$$PbSO_4 + CO_3'' \rightleftarrows PbCO_3 + SO_4''$$
$$\frac{[SO_4'']}{[CO_3'']} = 3,2 \cdot 10^5,$$

während Herz auf Grund seiner Versuche den davon ganz verschiedenen Wert

$$\frac{[SO_4'']}{[CO_3'']} = etwa \ 10^2$$

angibt.

Ein näherer Einblick in die Untersuchung von Herz lehrt jedoch, daß dieses Ergebnis auf einer irrtümlichen Schlußfolgerung beruht. Den Alkalicarbonatgehalt am Beginn und Ende der Versuche bestimmte Herz durch Titration gegen Methylorange als Indikator, wobei er die verbrauchte Säure dem Carbonatgehalt äquivalent setzte; auf diesem Wege wird jedoch das gesamte an Kohlensäure gebundene Alkali titriert, unabhängig davon, ob es als Carbonat oder Hydrocarbonat in der Lösung ist. Bei einer Wiederholung einiger der von Herz ausgeführten Versuche konnten wir feststellen, daß im Gleichgewichte allerdings etwa 1 Proz. der ursprünglichen Alkalität gegen Methylorange erhalten bleibt, daß aber die Gleichgewichtslösungen Phenolphthalein nicht zu röten vermögen, also Carbonate in titrierbarer Menge nicht enthalten. Die von Herz bestimmten Alkaligehalte sind also als Hydrocarbonat in Rechnung zu setzen[3]), die angegebenen Carbonatkonzentrationen weitaus zu hoch und die mit ihnen berechneten Gleichgewichtskonstanten, wie schon aus dem Widerspruch zu den Löslichkeitsprodukten hervorging, unrichtig. Wie groß die wahre Konzentration an CO_3'' in den untersuchten Gleichgewichtslösungen war, ist nicht ohne weiteres zu sagen, da in einer Hydrocarbonatlösung die Konzentration an Carbonation auch von dem Gehalt an freier Kohlensäure abhängt, gemäß dem Gleichgewicht:

$$2 \ HCO_3' \rightleftarrows CO_3'' + CO_2 + H_2O.$$

Über Versuche, die wir unter diesem Gesichtspunkte angestellt haben, wird weiter unten (S. 44) berichtet werden.

Die Feststellung, daß eine ursprünglich praktisch hydrocarbonatfreie Sodalösung nach Umsetzung mit überschüssigem Bleisulfat geringe, aber deutliche Mengen von Hydrocarbonat enthält, war ein Fingerzeig dafür, daß die in der Lösung eingetretene Reaktion durch die einfache Formel $PbSO_4 + CO_3'' \rightarrow PbCO_3 + SO_4''$ nicht genau wiedergegeben wird. Das Auftreten von Hydrocarbonat kann nur durch eine hydrolytische Spaltung des Carbonations nach

$$CO_3'' + H_2O \rightarrow HCO_3' + OH'$$

---

[1]) Pleißner, Arb. a. d. Kaiserl. Gesundheitsamte 26, 410, 427 (1907).

[2]) Wegen einer hier unwesentlichen Korrektur dieser Zahlen s. w. u. S. 50.

[3]) mit einer geringen, später (S. 28 u. 44) zu erwähnenden Korrektur für den Einfluß des Sulfats auf die Färbung von Methylorange.

bewirkt werden, die zwar in jeder Carbonatlösung stattfindet, aber unter gewöhnlichen Bedingungen bereits nach der Umsetzung eines kleinen Bruchteils des Carbonats[1]) haltmacht. Die Spaltung kann nur dann weiter verlaufen, wenn das entstehende OH'-Ion durch irgend eine weitere Reaktion verbraucht wird. Somit mußte man im vorliegenden Falle auf die Entfernung von OH'-Ion aus der Lösung, d. h. Bildung eines schwerlöslichen basischen Salzes schließen. Diese Vermutung konnte bestätigt werden. Beim Schütteln von Bleisulfat mit überschüssiger verdünnter Sodalösung wurde quantitative Bildung von basischem Bleicarbonat, Bleiweiß, beobachtet, nach

$$3\ PbSO_4 + 4\ CO_3'' + 2\ H_2O \rightarrow 2\ PbCO_3 \cdot Pb(OH)_2 + 2\ HCO_3' + 3\ SO_4''.$$

Erst durch weitere Zufügung von Bleisulfat wurde das basische Bleicarbonat unter Verbrauch des entstandenen Natriumhydrocarbonats zum größten Teil in neutrales Bleicarbonat umgewandelt. Vorübergehend mußten also neutrales und basisches Bleicarbonat gleichzeitig vorhanden gewesen sein.

Um die gegenseitigen Beziehungen dieser beiden Bleisalze unter einfacheren Bedingungen zu erschließen, wurde versucht, das Gleichgewicht zwischen basischem und neutralem Bleicarbonat zunächst in sulfatfreien Natriumcarbonat- und -hydrocarbonatlösungen zu ermitteln. In derartigen Mischungen nimmt die Alkalität, d. h. die OH'-Konzentration, mit dem Anteil an Na_2CO_3 zu, und es war zu erwarten, daß jeweils von einem bestimmten Mischungsverhältnis an das neutrale Bleicarbonat in basisches umgewandelt wird und umgekehrt. Dabei trat aber eine unerwartete Störung auf. In Lösungen von $Na_2CO_3 + NaHCO_3$, deren Na-Gehalt 0,1 n oder höher war, wurde beim Schütteln mit den Bleicarbonaten stets ein Rückgang des Säureverbrauchs der Lösung gegen Methylorange, d. h. ein Abfall des Na-Gehaltes beobachtet. Eine nähere Untersuchung führte dann zu dem Ergebnis, daß der Grund hierfür die Bildung eines wohldefinierten Natriumdoppelsalzes

$$3\ PbCO_3 \cdot Pb(OH)_2 \cdot Na_2CO_3 \text{ oder halbiert: } NaPb_2(CO_3)_2OH$$

war. Erst nachdem die Existenzbedingungen dieses Doppelsalzes festgelegt waren, wurde ein klarer Einblick in die gegenseitigen Gleichgewichtsverhältnisse von Bleicarbonat und Bleiweiß gewonnen.

Einfacher gestalten sich diese Verhältnisse, wie nachträglich gefunden wurde, wenn man an Stelle von Natriumsalzen Kaliumsalze anwendet. Ein Doppelsalz bildet sich dann nicht — wenigstens in dem untersuchten Konzentrationsgebiet —, und es ist möglich, innerhalb weiter Grenzen der Gesamtkaliumkonzentration das Gleichgewicht zwischen den beiden Bleicarbonaten in Mischungen von Carbonat- und Hydrocarbonatlösungen zu verwirklichen.

Die Gesamtheit der so gewonnenen Erfahrungen gestattete schließlich, im Verein mit einigen Versuchen über die Einwirkung von Natriumhydrocarbonatlösungen auf Bleisulfat, einen völligen Einblick in die Umsetzungsreaktionen des Bleisulfats mit Lösungen kohlensaurer Alkalien.

Im folgenden soll bei der Darlegung der einzelnen Versuchsergebnisse von der zeitlichen Entwicklung der Untersuchung abgesehen werden.

---

[1]) Vgl. die Übersichtstabelle über die Hydrolyse von Sodalösungen bei Auerbach und Pick, Arb. a. d. Kaiserl. Gesundheitsamte **38**, 273 (1911).

Das Gleichgewicht zwischen Bleicarbonat und basischem Bleicarbonat bei 18°.

Bleicarbonat, $PbCO_3$, wird, wie einige Vorversuche lehrten, durch verdünnte Alkalicarbonatlösungen in basisches Bleicarbonat, Bleiweiß, $2 PbCO_3 \cdot Pb(OH_2)$, übergeführt:

$$3 PbCO_3 + CO_3'' + 2 H_2O \rightarrow 2 PbCO_3 \cdot Pb(OH)_2 + 2 HCO_3'.$$

Umgekehrt wandeln Hydrocarbonatlösungen basisches Bleicarbonat in neutrales um. Die beiden Reaktionen bieten, wenn man die Betrachtung auf Kalium- oder sehr verdünnte Natriumsalzlösungen beschränkt, ein einfaches Beispiel einer umkehrbaren Gleichgewichtsreaktion: sie kommen, wenn überschüssiges Bleisalz angewandt wird, in Lösungen von gegebenem Gesamt-Alkaligehalt von beiden Seiten her bei dem gleichen Mischungsverhältnis von Carbonat und Hydrocarbonat zum Stillstand, während sich mit wechselndem Gesamt-Alkaligehalt auch dieses Verhältnis ändert.

Ausgangsstoffe. Das für die Versuche benutzte neutrale Bleicarbonat wurde, da käufliche Präparate sich als nicht hinreichend rein erwiesen, nach der Vorschrift von Pleißner[1]) hergestellt. Eine Lösung von 5 g Ammoniumcarbonat in 100 ccm Wasser wurde mit Kohlensäure gesättigt und mit 100 ccm einer 15 g Bleiacetat enthaltenden Lösung versetzt. Der dabei ausfallende weiße Niederschlag wurde mehrfach mit an Kohlensäure gesättigtem Wasser durch Dekantieren gewaschen, abgesaugt, ausgewaschen und bei 100° im Trockenschrank getrocknet. Zur Prüfung der Reinheit wurden gewogene Mengen des Bleicarbonates durch gelindes Erhitzen im Porzellantiegel in PbO übergeführt. Drei verschiedene Präparate ergaben:

$$
\begin{array}{llllll}
\text{I} & 0,3460 \text{ g Substanz} & 0,2880 \text{ g PbO} & = 83,25 \text{ }^0/_0 \\
\text{II} & 0,5985 \text{ „} & \text{„} \quad 0,4992 \text{ „} & \text{„} & = 83,4 \text{ }^0/_0 \\
\text{III} & 0,4876 \text{ „} & \text{„} \quad 0,4065 \text{ „} & \text{„} & = 83,4 \text{ }^0/_0 \\
\end{array}
$$

Berechnet für $PbCO_3$: 83,53 $^0/_0$.

Das im Handel erhältliche Bleiweiß ist bekanntlich kein einheitliches Salz und wechselt in seiner Zusammensetzung mit der Herstellungsweise. Im Laufe unserer Untersuchung fanden wir jedoch ein brauchbares Laboratoriumsverfahren zur Darstellung der reinen Verbindung $2 PbCO_3 \cdot Pb(OH)_2$. Seine Begründung ergibt sich aus den späteren Darlegungen. Die Verbindung wurde wie folgt hergestellt:

Je 10 g Bleisulfat (Kahlbaum, Bleisulfat I) wurden mit $2^1/_2$ Liter 0,1 normaler Sodalösung (26 g wasserfreies Natriumcarbonat in 5 l Wasser) 2 Stunden lang auf der Schüttelmaschine kräftig geschüttelt, alsdann der Bodenkörper absitzen gelassen und die Lösung abgegossen oder abgesaugt. Etwa 10 der so erhaltenen feuchten Rohprodukte wurden vereinigt, wobei alle gröberen Teilchen mit einem Pistill gründlich zerrieben wurden, und dann nochmals mit $2^1/_2$ l frischer Sodalösung geschüttelt, darauf abfiltriert, mit Wasser ausgewaschen und bei 110° im Trockenschrank getrocknet. Bei der Analyse durch gelindes Erhitzen ergaben:

$$
\begin{array}{llllll}
\text{I} & 0,4687 \text{ g Substanz} & 0,4053 \text{ g PbO} & = 86,47 \text{ }^0/_0 \\
\text{II} & 0,5508 \text{ „} & \text{„} \quad 0,4759 \text{ „} & \text{„} & = 86,40 \text{ }^0/_0 \\
\text{III} & 0,8178 \text{ „} & \text{„} \quad 0,7073 \text{ „} & \text{„} & = 86,49 \text{ }^0/_0 \\
\end{array}
$$

Berechnet für $2 PbCO_3 \cdot Pb(OH)_2$: 86,33 $^0/_0$.

[1]) Pleißner, Arb. a. d. Kaiserl. Gesundheitsamte **26**, 403 (1911).

Die Proben II und III stammten von dem gleichen Präparat. Kohlensäure-
bestimmungen nach Fresenius-Classen (Wägung des durch Säure ausgetriebenen
CO_2 im Natronkalkrohr) ergaben:

$$\text{I} \quad \text{aus } 1{,}0032 \text{ g Substanz } 0{,}1156 \text{ g } CO_2 = 11{,}52\,\%$$
$$\text{II} \quad \text{„ } 2{,}0016 \text{ „} \quad \text{„} \quad 0{,}2287 \text{ „} \quad \text{„} = 11{,}43\,\%$$
$$\text{Berechnet für } 2\,Pb\,CO_3 \cdot Pb(OH)_2 : 11{,}35\,\%.$$

Die Alkalisalzlösungen wurden durch Auflösen gewogener Mengen der
Carbonate und Hydrocarbonate von Natrium oder Kalium in frisch ausgekochtem
Wasser hergestellt und stets durch titrimetrische Analyse nachgeprüft. Für die
Versuche mit Natriumsalzen diente das Kahlbaumsche „Natriumbicarbonat zur Analyse"
als Ausgangsstoff. Es wurde zur Darstellung der Hydrocarbonatlösungen ohne weiteres
verwandt und erwies sich, durch Titration und Indikatorenfärbung geprüft, als hinreichend rein. Zur Darstellung von Natriumcarbonat wurde das Hydrocarbonat einige
Zeit im elektrischen Ofen auf 300^0 erhitzt und im Exsikkator aufbewahrt. Bei den
wenigen mit Kaliumsalzen angestellten Versuchen wurden das Kahlbaumsche „Kalium-
bicarbonat zur Analyse" und Kaliumcarbonat D. A. B. 5 verwandt.

Analyse der Lösungen. Der Gehalt der Lösungen an Carbonat und Hydrocarbonat wurde nach dem üblichen Verfahren durch Titration mit 0,1 n HCl gegen
Phenolphthalein und Methylorange als Indikatoren bestimmt. Eine geeignet bemessene
Menge der Lösung wurde in 200 ccm frisch ausgekochten destillierten Wassers ein-
pipettiert, so daß die Konzentration der Lösung während der Titration nicht mehr
als 0,01 n war, und etwa 0,6 ccm einer Phenolphthaleinlösung 1 : 2000 zugegeben[1]).
Die Entfärbung beim Hydrocarbonatpunkt war bei dieser Arbeitsweise sehr scharf
zu beobachten. Dann wurden 3 Tropfen einer Methylorangelösung 1 : 1000 zugesetzt
und stets auf einen bestimmten, auch bei der Titerstellung der Salzsäure innegehaltenen
Übergangston zwischen orange und rosa titriert.

Natur und Umkehrbarkeit der Reaktion. Um die Einwirkung von
Alkalicarbonatlösung auf Bleicarbonat und diejenige von Alkalihydrocarbonatlösung
auf basisches Bleicarbonat hinsichtlich ihres stöchiometrischen Verlaufes klarzustellen
und als inverse Reaktionen zu kennzeichnen, wurden einige Versuche mit über-
schüssigen Mengen von Alkalisalzlösung angestellt, so daß der Bodenkörper
vollständig umgesetzt werden mußte.

1. Einwirkung von Kaliumcarbonatlösung auf Bleicarbonat.

Die Lösung war nicht ganz frei von Hydrocarbonat; ihre Zusammensetzung vor Beginn
des Versuches war:

$$0{,}2456 \text{ n } \tfrac{1}{2}\,K_2CO_3$$
$$\underline{0{,}0044 \text{ n} \quad KHCO_3}$$
$$0{,}2500 \text{ n} \quad K.$$

100 ccm dieser Lösung wurden 2 Tage lang bei 18^0 mit 1,200 g $PbCO_3$ geschüttelt. Die Lösung
hatte dann die Zusammensetzung:

$$0{,}2158 \text{ n } \tfrac{1}{2}\,K_2CO_3$$
$$\underline{0{,}0342 \text{ n} \quad KHCO_3}$$
$$0{,}2500 \text{ n} \quad K,$$

---

[1]) Vgl. Tillmans und Heublein, Zeitschr. f. Untersuch. d. Nahrungs- u. Genußmittel
24, 429 (1912).

somit hatte der Hydrocarbonatgehalt um 0,0298 Mol/l zugenommen, oder in den 100 ccm Lösung um 2,98 Millimol. Die angewandten 1,200 g $PbCO_3$ sind 4,49 Millimol, also wurden bei der Entstehung von 1 Mol Hydrocarbonat 4,49/2,98 = 1,506 Mol $PbCO_3$ verbraucht, während die Gleichung $3\ PbCO_3 + K_2CO_3 + 2\ H_2O \rightarrow 2\ PbCO_3 \cdot Pb(OH)_2 + 2\ KHCO_3$ 1,500 Mol erfordert.

2. **Einwirkung von Kaliumhydrocarbonatlösung auf basisches Bleicarbonat.** 100 ccm einer genau 0,25 n $KHCO_3$-Lösung wurden 3 Tage lang bei 18° mit 5 g basischem Bleicarbonat geschüttelt. Die Lösung hatte dann die Zusammensetzung:

$$0,1269\ \text{n}\ \tfrac{1}{2}\ K_2CO_3$$
$$\underline{0,1221\ \text{n}\quad KHCO_3}$$
$$0,2490\ \text{n}\quad K,$$

somit waren in den 100 ccm Lösung 12,69 Milliäquivalente = 6,35 Millimol Kaliumcarbonat entstanden. Die angewandten 5 g $(PbCO_3)_2 \cdot Pb(OH)_2$ sind 6,45 Millimol, also wurden bei der Entstehung von 1 Mol Kaliumcarbonat 6,45/6,35 = 1,015 Mol basisches Bleicarbonat verbraucht, während die Gleichung

$$2\ PbCO_3 \cdot Pb(OH)_2 + 2\ KHCO_3 \rightarrow 3\ PbCO_3 + K_2CO_3 + 2\ H_2O$$

1,000 Mol erfordert.

Die quantitativen Ergebnisse entsprechen also in beiden Versuchen dem stöchiometrischen Reaktionsverlauf.

Gleichgewicht. Bei Anwendung eines Überschusses der schwerlöslichen Bleisalze wird — im allgemeinen schon nach eintägiger Versuchsdauer — von beiden Seiten aus ein Gleichgewichtszustand erreicht, an dem weiteres Schütteln oder Hinzufügen von neutralem oder basischem Bleicarbonat nichts mehr ändert.

100 ccm 0,25 n $\tfrac{1}{2}\ K_2CO_3$-Lösung wurden im Thermostaten bei 18° mit 15 g $PbCO_3$ geschüttelt. Die Zusammensetzung der Lösung war nach 2 Tagen (und praktisch unverändert nach 10 Tagen):

$$0,1990\ \text{n}\ \tfrac{1}{2}\ K_2CO_3$$
$$\underline{0,0510\ \text{n}\quad KHCO_3}$$
$$0,2500\ \text{n}\quad K$$

oder in Prozenten des Gesamtalkaligehaltes

$$79,6\ \%\ \text{als}\ K_2CO_3$$
$$20,4\ \%\ \text{„}\ KHCO_3.$$

Um das Gleichgewicht auch von der anderen Seite zu erreichen, wurden 100 ccm 0,25 n $KHCO_3$-Lösung mit 15 g basischem Bleicarbonat geschüttelt. Die Reaktion kam zum Stillstand bei der Zusammensetzung der Lösung:

$$0,2054\ \text{n}\ \tfrac{1}{2}\ K_2CO_3\ =\ 82,7\ \%$$
$$\underline{0,0431\ \text{n}\quad KHCO_3\ =\ 17,3\ \%}$$
$$0,2485\ \text{n}\quad K.$$

Die beiden Gegenversuche haben somit nicht ganz genau zum gleichen Ergebnis geführt; die beiden Reaktionen oder eine von ihnen (wahrscheinlich die erste) sind etwas zu weit gegangen, sie haben sich überschnitten. Ähnliche Beobachtungen wurden wiederholt gemacht. Wahrscheinlich ist dies auf geringe Unterschiede in der Beschaffenheit und Löslichkeit der unter verschiedenen Bedingungen entstehenden, chemisch sonst gleichen Bodenkörper (besonders wohl des basischen Bleicarbonates) zurückzuführen; denn die Erscheinung bleibt aus, wenn man diesen Einfluß möglichst beseitigt, indem man von vornherein für Gegenwart der stabilen Form des basischen Bleicarbonates sorgt.

So wurde durch Schütteln von 0,25 n $KHCO_3$-Lösung mit basischem Bleicarbonat folgendes Gleichgewicht ermittelt:

$$0,2068\ \text{n}\ \tfrac{1}{2}\ K_2CO_3\ =\ 82,7\ \%$$
$$\underline{0,0432\ \text{n}\quad KHCO_3\ =\ 17,3\ \%}$$
$$0,2500\ \text{n}\quad K.$$

Wurde dann diese Gleichgewichtslösung von dem Bodenkörpergemisch (ursprüngliches basisches Bleicarbonat neben frisch gebildetem neutralen Bleicarbonat) abgegossen und zur Erreichung des Gleichgewichtes von der Gegenseite her durch 0,25 n $\frac{1}{2}$ K$_2$CO$_3$-Lösung ersetzt, so wurde — unter Neubildung von basischem Bleicarbonat — praktisch der nämliche Konzentrationspunkt wiedererhalten:

$$\begin{aligned}
0{,}2070 \text{ n } \tfrac{1}{2}\,\text{K}_2\text{CO}_3 &= 82{,}8\,\%\\
0{,}0430 \text{ n } \quad \text{KHCO}_3 &= 17{,}2\,\%\\
\overline{0{,}2500 \text{ n } \quad \text{K.}} &
\end{aligned}$$

Über die Reversibilität der Reaktion kann somit kein Zweifel bestehen.

Ähnliche Ergebnisse wurden mit anderen Konzentrationen der Kaliumsalze und — innerhalb gewisser Konzentrationsgrenzen — auch bei Anwendung von Natriumsalzen erhalten.

In Tabelle 1 sind die Versuche an Kaliumsalzlösungen zusammengestellt.

Tabelle 1 (vergl. Fig. 1).

Gleichgewicht 3 PbCO$_3$ + K$_2$CO$_3$ + 2 H$_2$O $\rightleftarrows$ 2 PbCO$_3$ · Pb(OH)$_2$ + 2 KHCO$_3$
bei 18°.

Ver-such Nr.	Ausgangsstoffe		Im Gleichgewicht				
	Lösung	Bodenkörper	$\frac{1}{2}$ K$_2$CO$_3$	KHCO$_3$	Ges.-K	Davon als	
						Carbonat	Hydrocarb.
			n	n	n	%	%
1 a	0,25 n KHCO$_3$	2 PbCO$_3$ · Pb(OH)$_2$	0,2068	0,0432	0,2500	82,7	17,3
1 b	0,25 n $\frac{1}{2}$ K$_2$CO$_3$	{ PbCO$_3$ / 2 PbCO$_3$ · Pb(OH)$_2$ }	0,2070	0,0430	0,2500	82,8	17,2
2	0,25 n $\frac{1}{2}$ K$_2$CO$_3$	PbCO$_3$	0,1990	0,0510	0,2500	79,6	20,4
3	0,2 n $\frac{1}{2}$ K$_2$CO$_3$	PbCO$_3$	0,1455	0,0483	0,1938	75,1	24,9
4	0,15 n KHCO$_3$	2 PbCO$_3$ · Pb(OH)$_2$	0,1145	0,0381	0,1526	75,0	25,0
5	0,1 n $\frac{1}{2}$ K$_2$CO$_3$	PbCO$_3$	0,0657	0,0317	0,0974	67,5	32,5
6	0,05 n KHCO$_3$	2 PbCO$_3$ · Pb(OH)$_2$	0,0296	0,0219	0,0515	57,5	42,5

Die Ergebnisse sind in Fig. 1 graphisch dargestellt. Als Ordinaten sind die Gesamt-K-Konzentrationen eingetragen, während die Abszissen die prozentische Verteilung des Gesamtkaliums auf HCO$_3$ und $\frac{1}{2}$ CO$_3$ bedeuten, derart, daß die Punkte der linken Vertikalachse reinen Hydrocarbonatlösungen, die der rechten Vertikalachse reinen Carbonatlösungen entsprechen[1]).

Praktisch zu den nämlichen Gleichgewichtsverhältnissen gelangt man bei Anwendung von Natriumsalzlösungen an Stelle der Kaliumsalze, solange man sich auf Konzentrationen unterhalb 0,077 n beschränkt. Die Gleichgewichtspunkte wurden in der Regel sowohl von der Carbonat- wie von der Hydrocarbonatseite her erreicht. Die Versuche sind in Tabelle 2 zusammengestellt; ihre Ergebnisse werden durch den Kurvenzweig AQ in Fig. 2 bildlich veranschaulicht.

---

[1]) Wie man sieht, wird der horizontale Maßstab, bezogen auf absolute Konzentrationen, mit sinkendem Alkaligehalte immer größer; infolgedessen kommt die Krümmung der Kurve nach der Hydrocarbonatseite hin bei kleinen Konzentrationen durch die gewählte Darstellungsweise verstärkt zum Ausdruck.

Tabelle 2 (vergl. Fig. 2, A Q).

Gleichgewicht $3 PbCO_3 + Na_2CO_3 + 2 H_2O \rightleftarrows 2 PbCO_3 \cdot Pb(OH)_2 + 2 NaHCO_3$ bei 18°.

Ver-such Nr.	Ausgangsstoffe		Im Gleichgewicht			Davon als	
	Lösung	Bodenkörper	$\frac{1}{2}$ Na$_2$CO$_3$	NaHCO$_3$	Ges.-Na	Carbonat	Hydrocarb.
			n	n	n	%	%
7 a	0,07 n $\frac{1}{2}$ Na$_2$CO$_3$	PbCO$_3$	0,0458	0,0239	0,0697	65,7	34,3
7 b	0,07 n NaHCO$_3$	2 PbCO$_3$ · Pb(OH)$_2$	0,0465	0,0241	0,0706	65,8	34,2
8 a	0,05 n $\frac{1}{2}$ Na$_2$CO$_3$	PbCO$_3$	0,0289	0,0217	0,0506	57,1	42,9
8 b	0,05 n NaHCO$_3$	2 PbCO$_3$ · Pb(OH)$_2$	0,0298	0,0208	0,0506	58,9	41,1
9	0,025 n $\frac{1}{2}$ Na$_2$CO$_3$	PbCO$_3$	0,0119	0,0134	0,0253	47,0	53,0
10	0,02 n NaHCO$_3$	2 PbCO$_3$ · Pb(OH)$_2$	0,0086	0,0117	0,0203	42,4	57,6

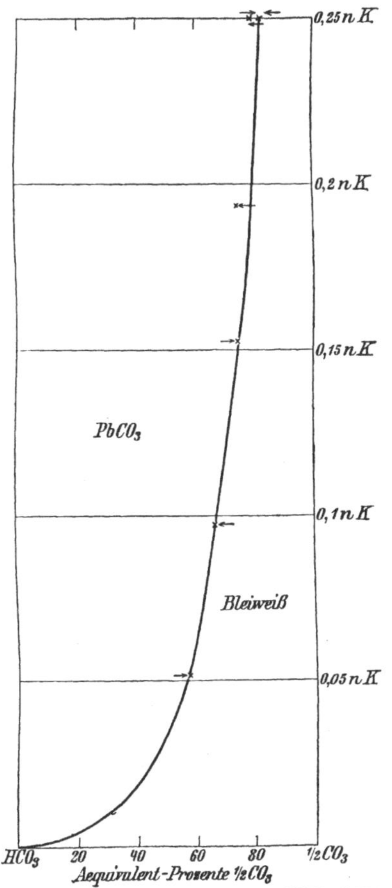

Fig. 1.
Gleichgewicht der Bleicarbonate mit
Lösungen der Kaliumcarbonate. 18°.

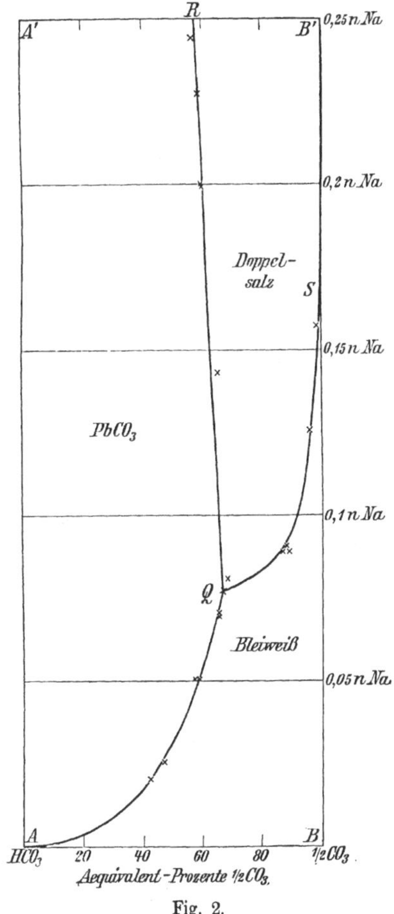

Fig. 2.
Gleichgewicht der Bleicarbonate mit
Lösungen der Natriumcarbonate. 18°.

Das Doppelsalz Basisches Natriumbleicarbonat.

Sucht man die zuletzt beschriebenen Gleichgewichtsversuche auf höhere Konzentrationen an Natriumsalzen auszudehnen, so erweist sich dies als unmöglich. Während nämlich bei den bisher angeführten Umsetzungen der Gehalt der Lösung an titrierbarem Alkali (der Methylorangetiter) im einzelnen Versuch konstant blieb, die Zusammensetzung der Lösung sich also während der Reaktion, in der graphischen Darstellung betrachtet, auf horizontalen Geraden änderte, beobachtet man bei entsprechenden Versuchen z. B. mit 0,1 Na-Lösungen ein deutliches Absinken des Natriumgehaltes, was auf die Entstehung eines Natrium enthaltenden Bodenkörpers deutet.

So wurde, um einen einzelnen Versuch herauszugreifen, eine $0,1000$ n $^1/_2$ Na_2CO_3-Lösung (150 ccm) mit $PbCO_3$ (2,5 g) bei 18^0 geschüttelt. Die Lösung veränderte sich in folgender Weise:

Nach	1	2	3 Tagen
Gesamt-Na	0,0974	0,0873	0,0797 n
$^1/_2$ CO_3	0,0666	0,0646	0,0571 n
HCO_3	0,0308	0,0227	0,0226 n.

Die anfängliche Entstehung von Hydrocarbonat in der Lösung zeigt, daß auch hier wieder OH'-Ionen vom Bodenkörper verschluckt worden sind; außerdem ist aber auch Na aus der Lösung genommen worden. Diese Abnahme des Natriumgehaltes schien nur dann einzutreten, wenn Bleicarbonat und basisches Bleicarbonat zugleich vorhanden waren oder — was damit zusammenhängt — das Mischungsverhältnis zwischen Carbonat und Hydrocarbonat in der Lösung innerhalb gewisser Grenzen lag.

So läßt basisches Bleicarbonat eine 0,1 n $^1/_2$ Na_2CO_3-Lösung völlig unverändert, desgleichen neutrales Bleicarbonat reine oder nur wenig Natriumcarbonat enthaltende Hydrocarbonatlösungen, selbst wenn letztere verhältnismäßig konzentriert, etwa 0,25 n sind. Auch bei der Umsetzung von basischem Bleicarbonat mit Natriumhydrocarbonatlösung zu neutralem Bleicarbonat tritt ein Abfall des Natriumgehaltes nicht ein, sofern nur die Menge des angewandten Bodenkörpers im Verhältnis zur Lösung nicht allzu groß ist, bei der Umsetzung also kein zu hoher Anteil des Natriumhydrocarbonates in Natriumcarbonat umgewandelt wird.

180 ccm genau 0,25 n $NaHCO_3$-Lösung wurden 2 Tage lang mit genau 1 g basischem Bleicarbonat geschüttelt. Die Lösung hatte alsdann die Zusammensetzung

$$0,015 \text{ n } ^1/_2 \text{ } Na_2CO_3$$
$$\underline{0,235 \text{ n } \quad NaHCO_3}$$
$$0,250 \text{ n } \quad Na,$$

hatte also ihren Gesamt-Alkalititer genau behalten. Es sind $180 \cdot {}^{15}/_{1000} = 2{,}7$ Milliäquivalente $= 1{,}35$ Millimol Na_2CO_3 entstanden, so daß die angewandte Menge von 1 g $= 1{,}29$ Millimol basischem Bleicarbonat völlig in neutrales Bleicarbonat übergegangen ist, nach

$$2 \text{ } PbCO_3 \cdot Pb(OH)_2 + 2 \text{ } NaHCO_3 \rightarrow 3 \text{ } PbCO_3 + Na_2CO_3 + 2 \text{ } H_2O.$$

Der erreichte Konzentrationspunkt wird somit im Existenzgebiet des Bleicarbonats liegen.

Danach war zu vermuten, daß das Existenzgebiet des fraglichen Doppelsalzes sich zwischen diejenigen des neutralen und des basischen Bleicarbonats einschiebt. Da ein Natrium enthaltendes Doppelsalz in Lösungen von hoher Na-Konzentration besonders beständig sein muß, so wurden die Versuche nach Art des zuletzt beschriebenen mit 0,25 n NaHCO₃-Lösung weiter fortgeführt, aber unter Anwendung größerer Mengen von basischem Bleicarbonat, so daß sich mehr Natriumcarbonat in der Lösung bilden konnte. Dabei ergab sich, daß die Umsetzung zwischen Lösung und Bodenkörper so lange in der Richtung der Bildung von neutralem Bleicarbonat, d. h. längs der horizontalen Geraden A′B′ im Diagramm Fig. 2 verläuft, bis ein etwa hälftiges Gemisch von Natriumcarbonat und -hydrocarbonat (nach Äquivalentprozenten gerechnet) entstanden ist. Alsdann tritt bei Zuführung weiterer Mengen von basischem Bleicarbonat ein starker Abfall des Natriumgehaltes der Lösung ein; mit wachsender Menge des Bleisalzes werden Punkte mit immer kleinerem Natriumgehalt erreicht, die sämtlich annähernd in einer Geraden (RQ in Fig. 2) liegen.

Da der Reaktionsweg von der reinen 0,25 n NaHCO₃-Lösung (Punkt A′) bis zum hälftigen Gemisch (nahe bei Punkt R) kein besonderes Interesse mehr bot, wurde weiterhin, um Zeit und Bodenkörper zu sparen, die letztere Mischung, d. h. die Lösung 0,125 n NaHCO₃, 0,125 n ¹/₂ Na₂CO₃ als Ausgangslösung benutzt. Diese Versuche sind in Tabelle 3 (f. S.) zusammengestellt. Der starke Verbrauch von Na durch den Bodenkörper (von 0,25 n Abfall bis 0,077 n) ließ keinen Zweifel mehr darüber bestehen, daß es sich um die Bildung eines wohldefinierten Natriumbleidoppelsalzes handeln müsse und nicht etwa um eine geringfügige Adsorption von Natriumsalz durch die Bleicarbonate, wie man nach den ersten Beobachtungen vielleicht hätte annehmen können. Längs der beobachteten Kurve RQ muß daher das neugebildete Doppelsalz als Bodenkörper angenommen werden, gleichzeitig aber auch PbCO₃, das bis zum Einsetzen der Doppelsalzbildung alleiniges Reaktionsprodukt war. Besonders beweisend hierfür ist der Doppelversuch Nr. 13 in Tabelle 3, bei dem nach beendeter Reaktion noch PbCO₃ hinzugefügt wurde, ohne daß sich dadurch die Zusammensetzung der Lösung änderte. RQ ist somit als Gleichgewichtskurve für PbCO₃ neben Doppelsalz oder als Grenze der beiderseitigen Existenzgebiete anzusprechen.

Dagegen ist das angewandte basische Bleicarbonat bei den Versuchen Nr. 11 bis 14 jedenfalls nicht als Bodenkörper erhalten geblieben, sondern vollständig aufgebraucht worden, da die Reaktion bei steigendem Zusatz dieses Salzes weiter fortschreitet. Bei den Versuchen 15 und 16 hätte die angewandte Menge des basischen Bleicarbonates den vorhergehenden Versuchen zufolge zu einem bedeutend größeren Umsatz ausgereicht, als er in Wahrheit eintrat: hier war also auch überschüssiges basisches Bleicarbonat als Bodenkörper anzunehmen, d. h. neutrales Bleicarbonat, basisches Bleicarbonat und Doppelsalz nebeneinander vorhanden. Dies findet volle Bestätigung darin, daß die in den Versuchen 15 und 16 erreichten Konzentrationspunkte sehr nahe in die früher ermittelte Gleichgewichtskurve zwischen basischem und neutralem Bleicarbonat, A Q, hineinfallen, also als Schnittpunkt der Gleichgewichtskurven Doppelsalz ⇄ Neutral und Basisch ⇄ Neutral anzusehen sind. Die Endeinstellung des Gleichgewichtes in diesem Punkte verläuft gegenüber den bisher betrachteten Gleichgewichten ziemlich langsam; das Ergebnis des Versuches Nr. 15 wurde nach einem Tage, das des Versuches Nr. 16 nach 4 Tagen erhalten. Letzterer Punkt dürfte dem wahren Schnittpunkt Q der Gleichgewichtskurven sehr nahe liegen.

Tabelle 3 (vergl. Fig. 2, R Q).

Das Gleichgewicht zwischen Bleicarbonat und Doppelsalz

bei 18°.

Ver-such Nr.	Ausgangsstoffe		Im Gleichgewicht				
	Lösung	Bodenkörper auf 100 ccm Lösung	$^1/_2$ Na$_2$CO$_3$	NaHCO$_3$	Ges.-Na	Davon als	
						Carbonat	Hydro-carbona
			n	n	n	%	%
11	0,25 n NaHCO$_3$	5,75 g 2 PbCO$_3$·Pb(OH)$_2$	0,138	0,106	0,244	56,6	43,4
12	{ 0,125 n NaHCO$_3$ 0,125 n $^1/_2$ Na$_2$CO$_3$ }	2 g „	0,1333	0,0939	0,2272	58,7	41,3
13 { a	„	3,75 g „	0,1194	0,0807	0,2001	59,7	40,3
b	„	{ 3,75 g „ 2,5 g PbCO$_3$ }	0,1198	0,0800	0,1998	59,9	40,1
14	„	7,5 g 2 PbCO$_3$·Pb(OH)$_2$	0,0934	0,0497	0,1431	65,3	34,7
15	„	20 g „	0,0554[1])	0,0252[1])	0,0806	68,7	31,3
16	„	15 g „	0,0516[2])	0,0254[2])	0,0770	67,0	33,0

[1]) Nach 1 Tag.
[2]) Nach 4 Tagen.

Es galt jetzt noch, die Grenzlinie zwischen dem Existenzgebiet des Doppelsalzes und dem des basischen Bleicarbonates zu ermitteln. Diese Grenzkurve, die auf der carbonatreicheren Seite des Systemes liegen muß, hofften wir durch Umsetzung von Sodalösungen mit wechselnden Mengen Bleicarbonat zu erreichen, also auf entsprechendem Wege, wie bei der Festlegung der Grenzkurve RQ „Doppelsalz $\rightleftarrows$ Neutral" verfahren worden war. Bei diesen Versuchen ergaben sich aber, wie noch näher ausgeführt werden soll, gewisse Schwierigkeiten, die ihren ursprünglichen Zweck vereitelten. Doch führten sie zu einer sehr einfachen Bestimmung der Formel des neuen Doppelsalzes.

Schon beim Zusatz kleiner Mengen von neutralem Bleicarbonat zu einer an $^1/_2$ Na$_2$CO$_3$ 0,25 normalen Lösung (Punkt B' in Fig. 2) tritt ein deutlicher Abfall des Natriumgehaltes der Lösung ein. Daraus war zu schließen, daß die erwähnte Lösung bereits in das Existenzgebiet des Doppelsalzes fällt und demnach eingebrachtes Bleicarbonat — wenigstens innerhalb gewisser Mengenverhältnisse — quantitativ in Doppelsalz überführt. Die stöchiometrische Betrachtung der umgesetzten Menge zeigte, daß immer auf 1 Mol verschwundenen Natriums annähernd 1 Mol Hydrocarbonat in der Lösung gebildet und 2 Mol Bleicarbonat umgesetzt wurden. Diesen Bedingungen entspricht allein die Gleichung

$$4\,PbCO_3 + 2\,Na· + 2\,CO_3'' + 2\,H_2O \rightarrow Na_2CO_3 · 3\,PbCO_3 · Pb(OH)_2 + 2\,HCO_3'$$

oder halbiert

$$2\,PbCO_3 + Na· + CO_3'' + H_2O \rightarrow NaPb_2(CO_3)_2OH + HCO_3'.$$

Wenn diese Formel des Doppelsalzes zutrifft, dann muß seine Bildung aus basischem Bleicarbonat nach der Gleichung verlaufen:

$$2\,[2\,PbCO_3 · Pb(OH)_2] + CO_3'' + HCO_3' + 3\,Na· \rightarrow 3\,[NaPb_2(CO_3)_2OH] + H_2O.$$

Gleichzeitig mit den 3 Natriumatomen, die dabei verschwinden, verliert also die Lösung 1 Äqu. Hydrocarbonat und 2 Äqu. Carbonat. Setzt man demnach zu einer Carbonat-Hydrocarbonat-Lösung, die sich im Existenzgebiet des Doppelsalzes befindet, basisches Bleicarbonat hinzu, so wird das Äquivalentverhältnis (Carbonat): (Hydrocarbonat) in der Lösung unverändert bleiben, wenn es im Anfang 2 : 1 betrug; andernfalls wird es während der Doppelsalzbildung entweder wachsen oder abnehmen, je nachdem es vorher größer oder kleiner als 2 : 1 war.

Zur Veranschaulichung dieser Verhältnisse möge Fig. 3 dienen, in welche für verschiedene Ausgangslösungen die Reaktionswege für die **Bildung von Doppelsalz aus Bleiweiß** eingezeichnet sind, die bei Innehaltung der erwähnten stöchiometrischen Beziehung (Abnahme des Hydrocarbonats $= ^1/_3$ der Abnahme des Natriums) durchlaufen werden. Wie man sieht, hängen Richtung und Gestalt dieser „stöchiometrischen Kurven" von der Wahl der Ausgangslösungen ab, während für die Länge des durchlaufenen Reaktionsweges die Menge des angewandten Bodenkörpers maßgebend ist. Die Richtigkeit des angenommenen Reaktionsverlaufes konnte im Gange dieser Untersuchung durch Vergleich der berechneten und beobachteten Reaktionswege mehrfach bestätigt werden. Hier sei jedoch nur ein besonders anschaulicher Versuch erwähnt, bei dem ein $33^1/_3$ Äqu.-Proz. Hydrocarbonat enthaltendes Lösungsgemisch verwandt wurde und somit ein geradliniger, vertikal nach unten gerichteter Reaktionsverlauf zu erwarten war.

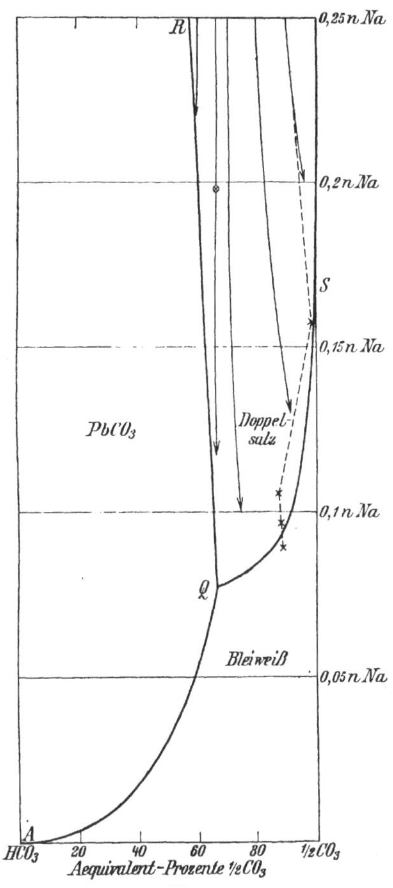

Fig. 3.

Bildung von basischem Natriumbleicarbonat aus basischem Bleicarbonat.

18°.

4,5 g basisches Bleicarbonat wurden mit 150 ccm einer Lösung von der Zusammensetzung $^1/_3$ Raumteil 0,25 n $NaHCO_3 + ^2/_3$ Raumteile 0,25 n $^1/_2 Na_2CO_3$ einen Tag lang geschüttelt. Die Lösung hatte alsdann die Zusammensetzung (Punkt ⊗ in Fig. 3):

$$0,1326 \text{ n } ^1/_2 Na_2CO_3 = 67\,^0/_0$$
$$\underline{0,0654 \text{ n } \quad NaHCO_3 = 33\,^0/_0}$$
$$0,1980 \text{ n Gesamt-Na.}$$

Mithin war das äquivalent-prozentische Verhältnis innerhalb der Fehlergrenzen unverändert, wie es die angenommene Formel des Doppelsalzes verlangt. Die Abnahme des Natriumgehaltes betrug 0,250—0,198 = 0,052 Mol/l oder auf 150 ccm berechnet 7,8 Millimol. Die angewandte

Menge des basischen Bleicarbonates war 4,5 g = 4,5/775,3 Mol = 5,8 Millimol, somit das Verhältnis
$$Na : 2\,PbCO_3 \cdot Pb(OH)_2 = 7,8 : 5,8 = 1,35,$$
während die obige Gleichung 1,5 verlangt. Die etwas zu kleine Abnahme des Natriumgehaltes dürfte darauf zurückzuführen sein, daß der Bodenkörper z. T. von dem neu entstandenen Doppelsalz umhüllt worden war und daher nicht vollständig in Reaktion treten konnte.

Wenn man für Ausschluß dieser letzteren Fehlerquelle sorgte, konnte die eben erwähnte Reaktion für eine einfache Darstellung des Doppelsalzes verwandt werden. Um nicht mit allzu großen Lösungsmengen zu arbeiten, wurden Lösungen mit 0,5 Mol Gesamt-Na im l benutzt. Der Reaktionsverlauf blieb dabei der gleiche. Etwa 30 g basisches Bleicarbonat wurden mit 200 ccm einer Lösung von der Zusammensetzung $^2/_3$ Raumteile 0,5 n $^1/_2$ Na_2CO_3 + $^1/_3$ Raumteil 0,5 n $NaHCO_3$ einen Tag lang geschüttelt, absitzen gelassen und die Lösung dekantiert. Der Bodenkörper wurde alsdann mit einem Pistill gründlich zerrieben, nochmals einige Stunden mit frischer Ausgangslösung geschüttelt und schließlich abgesaugt. Um einer Zersetzung des Doppelsalzes möglichst vorzubeugen, mußte man beim Auswaschen mit einiger Vorsicht verfahren. Von zwei verschiedenen Präparaten wurde das eine (I) mit wenig eisgekühltem Alkohol und Äther, das andere (II) mit etwas mehr Alkohol von gewöhnlicher Temperatur ausgewaschen. Im letzteren Falle dürfte daher der Anteil des zersetzten Salzes etwas größer gewesen sein.

Das Salz wird beim Stehen über Chlorcalcium oder rascher im Trockenschrank bei 110° von anhaftender Feuchtigkeit befreit. Es enthält dann noch Konstitutionswasser, das erst über 300° bei gleichzeitiger CO_2-Abspaltung auszutreiben ist.

Das Aussehen des Doppelsalzes ist von dem des neutralen und des basischen Bleicarbonates merklich verschieden. Es ist im feuchten und trockenen Zustande deutlich graugelb, während die letzteren Salze bekanntlich rein weiß erscheinen.

Zur Analyse auf Pb und Na wurde das Salz in wenig Essigsäure gelöst, das Blei als Sulfat gefällt und im Filtrat das Natrium als Natriumsulfat gewogen.

CO_2 und H_2O wurden durch Zersetzen des Salzes bei 400° bestimmt; es hinterblieb $PbO + Na_2CO_3$:
$$2\,NaPb_2(CO_3)_2OH \rightarrow 4\,PbO + Na_2CO_3 + H_2O + 3\,CO_2.$$
Zu hohes Erhitzen mußte vermieden werden, da sich sonst auch das Natriumcarbonat zersetzte. Andererseits brachte die gewählte niedrige Temperatur die Gefahr mit sich, daß PbO mit dem Sauerstoff der Luft höhere Bleioxyde bildete. Die Versuche wurden daher im sauerstofffreien Stickstoffstrome ausgeführt. Eine gewogene Menge des Salzes wurde in einem Porzellanschiffchen im Stickstoffstrome auf 400° erhitzt, das ausgetriebene Wasser im $CaCl_2$-Rohr, das Kohlendioxyd im Kaliapparat gewogen und endlich auch der Gesamtverlust durch Wägung des Schiffchens bestimmt.

Analysenergebnisse.

	Präp. I	Präp. II	Mittel	Ber. für $NaPb_2(CO_3)_2OH$
Proz. Pb	72,22	72,27	72,25	72,14
Proz. Na	3,82	3,64	3,73	4,01
Proz. CO_2[1])	11,58	11,32	11,45	11,49
Proz. H_2O	1,20	1,70	1,45	1,57
Proz. CO_2[1]) + H_2O	13,64	13,14	13,39	13,06

[1]) Bei 400° austreibbar; $^3/_4$ des Gesamt-CO_2.

Das Gleichgewicht zwischen Doppelsalz und basischem Bleicarbonat.

Wie Fig. 3, S. 13 zeigt, biegen die „stöchiometrischen Kurven", die von Punkten mit mehr als 66,67 Proz. Carbonat ausgehen, sämtlich nach der rechten Seite des Diagramms aus. Es war daher vorauszusehen, daß man auf diesen oder wenigstens auf einem Teil dieser Reaktionswege bei Anwendung von hinreichenden Mengen des basischen Bleicarbonates auf Punkte der Grenzkurve treffen würde, die das Existenzgebiet des Doppelsalzes von dem des basischen Bleicarbonates trennt. Die Versuche (Nr. 17a, 18, 19a, Tab. 4) haben dies bestätigt; doch stellten sich mitunter gewisse Reaktionsverzögerungen heraus, die die Erkenntnis der Verhältnisse erschwerten (vergl. w. u.). Die Geschwindigkeit der Umsetzung von basischem Bleicarbonat mit der Lösung wurde bei Annäherung an die erwähnte Grenzkurve ziemlich klein, so daß die gesuchten Gleichgewichte stets erst nach mehrtägigem Schütteln erreicht wurden.

Tabelle 4 (vergl. Fig. 2, QS).

Das Gleichgewicht zwischen basischem Bleicarbonat und basischem Natriumbleicarbonat bei 18°.

Ver-such Nr.		Ausgangsstoffe		Im Gleichgewicht				Davon als		Bemerkungen
		Lösung	g bas. Blei-carbonat auf 100 ccm Lösg.	nach Tagen	$\frac{1}{2}$ Na$_2$CO$_3$ n	NaHCO$_3$ n	Ge-samt-Na n	Car-bonat %	Hydro-car-bonat %	
17	a	0,225 n $\frac{1}{2}$ Na$_2$CO$_3$ 0,025 n NaHCO$_3$	14	5	0,1543	0,0028	0,1571	98,2	1,8	Nach Zu-satz von 1 g PbCO$_3$ 7 Tage weit. geschüttelt
	b			12	0,0792	0,0098	0,0890	89,0	11,0	
18		0,2125 n $\frac{1}{2}$ Na$_2$CO$_3$ 0,0375 n NaHCO$_3$	15	6	0,1208	0,0050	0,1258	96,0	4,0	
19	a	0,1875 n $\frac{1}{2}$ Na$_2$CO$_3$ 0,0625 n NaHCO$_3$	14	3	0,0802	0,0107	0,0909	88,2	11,8	2 Tage weit. geschüttelt (nach CO$_2$-Aufnahme beim Öffnen der Flasche)
	b			5	0,0773	0,0116	0,0889	86,9	13,1	

Die erhaltenen Gleichgewichtslösungen sind in Fig. 2 eingezeichnet und unter Berücksichtigung des Punktes Q, in dem ja ebenfalls basisches Salz und Doppelsalz im Gleichgewicht sind, zur Kurve QS ergänzt. Die Gleichgewichtslinie schmiegt sich mit steigender Alkalikonzentration der Carbonatachse BB' an, so daß das Existenzgebiet des basischen Bleicarbonates immer schmäler wird und oberhalb 0,17 n Na praktisch verschwindet. Damit steht der bereits S. 12 erwähnte Befund in Übereinstimmung, daß eine 0,25 n $\frac{1}{2}$ Na$_2$CO$_3$-Lösung (Punkt B') mit PbCO$_3$ quantitativ

Doppelsalz und gar kein basisches Bleicarbonat bildet. Wie S. 22 gezeigt werden soll, entspricht der beobachtete Verlauf der Gleichgewichtskurve auch den Forderungen der Theorie; man kann ihn sogar mit guter Annäherung allein aus der Lage des Punktes Q berechnen. Diese Übereinstimmung ist im vorliegenden Falle von besonderer Wichtigkeit, da die Ermittlung der Kurve QS, wie erwähnt, infolge einiger sekundärer Erscheinungen erschwert wurde.

Gibt man nach Erreichung des Gleichgewichts nunmehr neutrales Bleicarbonat hinzu, so muß auch dieses sich in die bei der betreffenden Zusammensetzung der Lösung stabilen Salze, nämlich Doppelsalz und basisches Bleicarbonat umwandeln; die Konzentration der Lösung muß sich dabei (erforderlichenfalls unter Inanspruchnahme auch des basischen Bleicarbonats) längs der Gleichgewichtskurve SQ verändern und sollte, wenn ein Überschuß von $PbCO_3$ verbleibt, schließlich den 5-Phasenpunkt Q erreichen, in dem alle drei schwer löslichen Bleisalze nebeneinander beständig sind. Der Versuch 17b, bei dem die Gleichgewichtslösung von Versuch 17a mit 1 g $PbCO_3$ versetzt wurde, bestätigte, daß die Reaktion in dieser Richtung verläuft. Indessen ist es nicht notwendig, daß während der Reaktion, vor Erreichung des Gleichgewichts, die Zusammensetzung der Lösung ständig der Kurve SQ entlang sich ändert. Dies würde nur dann der Fall sein, wenn alle mitwirkenden Umsetzungen hinreichend schnell oder wenigstens gleich schnell verliefen. Wie sich aber zeigte, wird $PbCO_3$ von der Lösung wesentlich rascher in Doppelsalz übergeführt als das basische Bleicarbonat. Die erstere Umsetzung führt nach links in das Gebiet des Doppelsalzes hinein; die Lösung verläßt also die Gleichgewichtskurve SQ, und erst sehr langsam wird diese wieder aufs neue durch Umsetzung des basischen Bleicarbonates in einem tiefer liegenden Punkte erreicht.

Als Beispiel hierfür sei das ausführliche Protokoll des Versuches 17a, b der Tabelle 4 angeführt.

Ausgangslösung: 0,225 n $^1/_2\,Na_2CO_3$, d. i. 90,0 % des gesamten Na
0,025 n $NaHCO_3$, d. i. 10,0 „   „   „   „
0,250 n   Na.

100 ccm dieser Lösung wurden mit 14 g basischem Bleicarbonat geschüttelt. Zusammensetzung
am 5. Tage   0,1543 n $^1/_2\,Na_2CO_3$, d. i. 98,2 % des gesamten Na
0,0028 n $NaHCO_3$, d. i. 1,8 „   „   „   „
0,1571 n   Na.

Es wurde 1 g $PbCO_3$ zugefügt. Zusammensetzung
am 6. Tage   0,0914 n $^1/_2\,Na_2CO_3$, d. i. 87,8 % des gesamten Na
0,0141 n $NaHCO_3$, d. i. 12,2 „   „   „   „
0,1055 n   Na.

Nach weiterem Schütteln Zusammensetzung
am 9. Tage   0,0856 n $^1/_2\,Na_2CO_3$, d. i. 88,8 % des gesamten Na
0,0108 n $NaHCO_3$, d. i. 11,2 „   „   „   „
0,0964 n   Na,
am 12. Tage   0,0792 n $^1/_2\,Na_2CO_3$, d. i. 89,0 % des gesamten Na
0,0098 n $NaHCO_3$, d. i. 11,0 „   „   „   „
0,0890 n   Na.

Diese Punkte sind in Fig. 3 eingetragen und zur ungefähren Andeutung des Reaktionsweges durch gestrichelte Geraden miteinander verbunden.

Derselbe Enderfolg — Erreichung eines tieferen Punktes der Kurve SQ — muß auch erzielt werden, wenn der Gleichgewichtslösung an Stelle von $PbCO_3$ freie Kohlensäure zugegeben wird. Eine geringe CO_2-Aufnahme durch die Lösung, wie sie beim Öffnen einer Flasche infolge Eintritts der Luft leicht erfolgt, bewirkt, daß die Zusammensetzung der Lösung sich im Diagramm horizontal ein wenig nach links aus der Kurve heraus verschiebt; infolgedessen muß das anwesende basische Bleicarbonat erneut längs einer abwärts führenden Reaktionskurve etwas Doppelsalz bilden, bis die Gleichgewichtslinie SQ wieder erreicht ist. Ein Beispiel hierfür bietet der Versuch Nr. 19b Tabelle 4.

Die oben gekennzeichnete Langsamkeit der Umsetzung von basischem Bleicarbonat zu Doppelsalz machte sich besonders bemerkbar, wenn man von vornherein eine Lösung anwandte, die dem mutmaßlichen Gleichgewicht ziemlich nahe lag, sich also durch eine verhältnismäßig kurze Reaktion hätte ins Gleichgewicht setzen sollen. Unter solchen Umständen trat in wiederholten Fällen überhaupt keine Umsetzung ein. So wurde z. B. eine Lösung von der Zusammensetzung $^4/_5$ Raumteile 0,125 n $^1/_2$ Na_2CO_3 + $^1/_5$ Raumteil 0,125 n $NaHCO_3$ mit basischem Bleicarbonat geschüttelt, im Laufe eines Tages jedoch nicht merklich verändert. Ein Blick auf das Gleichgewichtsdiagramm lehrt, daß Bildung von Doppelsalz zu erwarten gewesen wäre. Wählte man dagegen, wie bei den obigen Versuchen der Tabelle 4, Ausgangspunkte, die einen ziemlich langen Reaktionsweg bedingten, so lief die Reaktion leidlich glatt zu Ende.

Aber nicht nur bei der Umwandlung von basischem Bleicarbonat werden derartige Reaktionsverzögerungen beobachtet, sondern auch gelegentlich seiner Bildung aus Bleicarbonat und Na_2CO_3-Lösungen. In Lösungen, die rechts von der Kurve QS, also im Stabilitätsgebiete des basischen Bleicarbonates liegen, sollte aus $PbCO_3$ zunächst auf horizontalem Reaktionswege basisches Bleicarbonat gebildet werden, bis die Kurve QS erreicht ist, und von da ab Doppelsalz als neue Phase auftreten. In Wahrheit bleibt aber die Bildung von basischem Bleicarbonat mitunter aus; das Bleicarbonat liefert dann von vornherein in rasch verlaufender Reaktion Doppelsalz, gleichsam, als wenn die Grenzkurve QS gar nicht vorhanden wäre und sich das Gebiet des Doppelsalzes nach rechts bis zur Carbonatachse erstreckte. Man kann dies als Übersättigungserscheinung in bezug auf Bleiweiß auffassen.

Bildung von Doppelsalz aus Bleicarbonat. Bei Einwirkung hinreichender Mengen von $PbCO_3$ auf reine Na_2CO_3-Lösungen (vgl. S. 12) gelangt man schließlich auf die Gleichgewichtskurve QR für Doppelsalz und Bleicarbonat. Merkwürdigerweise wurden allerdings auf diesem Wege fast immer Punkte erreicht, die noch ein wenig links von der früher ermittelten Gleichgewichtskurve lagen (vergl. Fig. 4 f. S.). Zur Erklärung dieser geringfügigen, doch aber eben merklichen Abweichung hat man wohl (analog wie in dem Seite 7 beschriebenen Falle) anzunehmen, daß die auf verschiedenen Wegen gebildeten Doppelsalzkristalle physikalisch nicht ganz identisch sind und kleine Löslichkeitsverschiedenheiten besitzen. Die Reproduzierbarkeit der Versuche ist, wie die folgende Tabelle 5 (S. 19) zeigt, in der u. a. einige Parallelversuche angeführt sind, keine sehr gute; doch ist zu berücksichtigen, daß eine verschieden große CO_2-Aufnahme aus der Luft durch sonst gleiche Lösungen auch theoretisch den Reaktionsweg und den Endpunkt der Reaktion beeinflussen muß. Auf CO_2-Aufnahme ist es auch zurückzuführen, daß die nach der stöchiometrischen Gleichung

$$2\,PbCO_3 + Na^{\cdot} + CO_3'' + H_2O \rightarrow NaPb_2(CO_3)_2OH + HCO_3'$$

berechneten Reaktionswege, die in Fig. 4 eingezeichnet sind, mitunter nicht ganz genau zu den beobachteten Punkten führen.

Spaltung des Doppelsalzes. Bringt man das Doppelsalz in Berührung mit reinem Wasser oder einer Lösung, deren Zusammensetzung außerhalb seines Stabilitätsgebietes liegt, so zerfällt es, und zwar im Existenzgebiet des basischen Bleicarbonates nach

$$3\,[NaPb_2(CO_3)_2OH] + H_2O \rightarrow 2\,[2\,PbCO_3 \cdot Pb(OH)_2] + Na_2CO_3 + NaHCO_3;$$

im Existenzgebiet des neutralen Bleicarbonates nach

$$NaPb_2(CO_3)_2OH + NaHCO_3 \rightarrow 2\,PbCO_3 + Na_2CO_3 + H_2O.$$

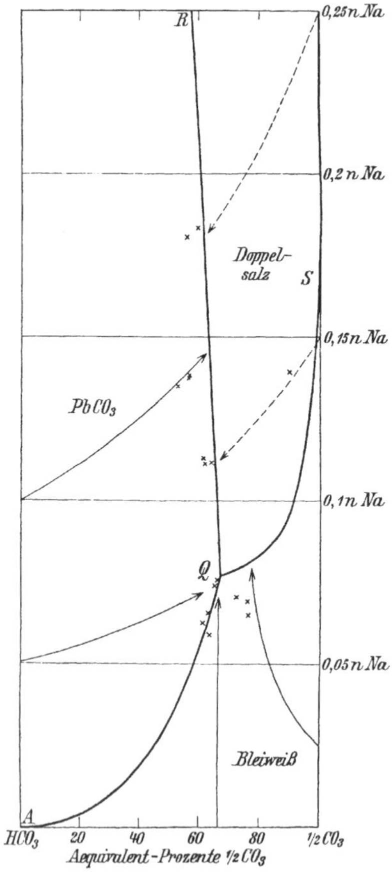

Dabei wird die Zusammensetzung der Lösung unter Zunahme des Gesamt-Na-Gehaltes verändert, und zwar theoretisch so lange, bis das Doppelsalz aufgezehrt oder ein Grenzpunkt seines Stabilitätsgebietes erreicht ist.

Am einfachsten liegen die Verhältnisse beim Behandeln des Doppelsalzes mit reinem Wasser. Dann kann, wie schon aus obigen Reaktionsgleichungen ersichtlich ist, zunächst nur die an erster Stelle erwähnte Reaktion, Zerfall zu basischem Bleicarbonat, eintreten; es entstehen auf je 1 Äquivalent Hydrocarbonat 2 Äquivalente Carbonat in der Lösung. Die Reaktion führt also (vergl. **Fig. 4**) längs einer Geraden bei $33^{1}/_{3}$ Äquiv.-Proz. Hydrocarbonat vertikal nach oben. Dies wurde durch den Versuch bestätigt.

Etwa 4 g frisch dargestellten, noch feuchten Doppelsalzes wurden mit 40 ccm Wasser 1 Tag lang bei 18^{0} geschüttelt. Die Zusammensetzung der Lösung war alsdann

$$\begin{aligned}
0{,}0298 \text{ n } {}^{1}/_{2}\,Na_2CO_3 &= 65{,}9\,\% \\
0{,}0154 \text{ n } \quad NaHCO_3 &= 34{,}1\,\text{„} \\
\hline
0{,}0452 \text{ n } \quad Na. &
\end{aligned}$$

Auffällig war dabei, daß die Reaktion, trotzdem noch große Mengen von unzersetztem Doppelsalz zugegen waren, nicht weiter gegangen war. Die Zerfallsgeschwindigkeit des Doppelsalzes wird, wie dieser und einige andere Versuche zeigten, in der Nähe der Gleichgewichtskurven überaus klein; alle Zersetzungs-

Fig. 4.

- - - → Bildung von basischem Natriumbleicarbonat aus Bleicarbonat.

——→ Spaltung des Doppelsalzes.

18^{0}.

Tabelle 5 (vergl. Fig. 4).

Einwirkung von $PbCO_3$ auf Natriumcarbonatlösungen bei 18°.
Bildung von Doppelsalz.

Vers.-Nr.	Ausgangsstoffe		Zusammensetzung der Lösung				Davon als		Bemerkungen
	Lösung $^1/_2$ Na$_2$CO$_3$ n	g PbCO$_3$ auf 100 ccm Lösung	nach Tagen	$^1/_2$ Na$_2$CO$_3$ n	NaHCO$_3$ n	Gesamt-Na n	Carbonat %	Hydrocarbonat %	
20	0,25	5	1	0,1082	0,0750	0,1832	59,1	40,9	—
21	0,25	5	2	0,1011	0,0794	0,1805	56,0	44,0	—
22	0,15	0,67	2	0,1254	0,0142	0,1396	89,8	10,2	Dieser Versuch ist mit unzureichender PbCO$_3$-Menge angesetzt, also kein Gleichgewichtsversuch
23	0,15	6	1	0,0694	0,0436	0,1130	61,4	38,6	—
24	0,15	6	2	0,0690	0,0422	0,1112	62,0	38,0	Kurz nach Beginn des Schüttelns etwas basisches Salz zugesetzt
25	0,15	6	1	0,0717	0,0402	0,1119	64,0	36,0	—

Tabelle 6 (vergl. Fig. 4).

Spaltung des basischen Natriumbleicarbonates durch wässerige Lösungen bei 18°.

Vers.-Nr.	Ausgangsstoffe		Zusammensetzung der Lösung				Davon als		Bemerkungen
	Lösung	g Doppelsalz auf 100 ccm Lösung	nach Tagen	$^1/_2$ Na$_2$CO$_3$ n	NaHCO$_3$ n	Gesamt-Na n	Carbonat %	Hydrocarbonat %	
27	H$_2$O	Überschuß	12	0,0412	0,0242	0,0654	63,0	37,0	—
28	H$_2$O	6,7	5	0,0372	0,0214	0,0586	63,5	36,5	—
			12	0,0384	0,0242	0,0626	61,3	38,7	—
29	0,025 n $^1/_2$ Na$_2$CO$_3$	5	3	0,0493	0,0155	0,0648	76,1	23,9	—
			9	0,0527	0,0166	0,0693	76,0	24,0	—
			14	0,0512	0,0196	0,0708	72,3	27,7	—
30	0,1 n NaHCO$_3$	6	1	0,0715	0,0635	0,1350	53,0	47,0	Unter Zufügung von 0,5 g neuem Doppelsalz weiter geschüttelt.
			2	0,0780	0,0595	0,1375	56,8	43,2	—
			3	0,0787	0,0593	0,1380	57,0	43,0	—
31	0,05 n NaHCO$_3$	4	4	0,0483	0,0257	0,0740	65,2	34,8	—
			10	0,0497	0,0258	0,0755	65,8	34,2	—

versuche nahmen zwar der Richtung nach den normalen Verlauf und führten mitunter auch recht nahe an das Doppelsalzgebiet heran, doch war es praktisch unmöglich, dessen Grenzlinien ganz zu erreichen. Durch geeignete Wahl der Ausgangslösung, Hinzufügen von $PbCO_3$ oder CO_2-Aufnahme gelang es verhältnismäßig leicht, Punkte der Gleichgewichtskurve Basisch $\rightleftarrows$ Neutral AQ zu erreichen, aber die erwartete Verschiebung längs dieser Kurve nach oben bis zum Punkte Q infolge weiterer Doppelsalzspaltung erfolgte nur sehr langsam.

In der vorstehenden Tabelle 6 ist ein Teil der ausgeführten Spaltungsversuche zusammengestellt. Die entsprechenden Punkte sowie die stöchiometrisch berechneten Reaktionswege sind in Fig. 4 eingetragen.

Wenn es somit auch nicht gelang, sämtliche Gleichgewichtskurven des Systems von beiden Seiten her zu erreichen, so stehen doch keinerlei Beobachtungen der Richtigkeit der im Diagramm Fig. 2 angenommenen Kurven entgegen. Im folgenden soll gezeigt werden, daß sie auch den Forderungen der Theorie, insbesondere des Massenwirkungsgesetzes, genügen.

Theoretische Betrachtung der Gleichgewichte zwischen den drei Bleisalzen.

Die Gleichgewichtskurven stellen alle diejenigen Zusammensetzungen der Lösung dar, bei denen die Reaktionen, die von einem Bodenkörper zum andern führen, zum Stillstand kommen. Die Umsetzungsgleichungen für je zwei längs einer Kurve im Gleichgewicht befindliche Bleisalze sind folgende:

Basisch $\rightleftarrows$ Neutral: $\quad 2\,PbCO_3 \cdot Pb(OH)_2 + 2\,HCO_3' \rightleftarrows 3\,PbCO_3 + CO_3'' + 2\,H_2O$

Neutral $\rightleftarrows$ Doppelsalz: $\quad 2\,PbCO_3 + Na^{\cdot} + CO_3'' + H_2O \rightleftarrows NaPb_2(CO_3)_2OH + HCO_3'$

Doppelsalz $\rightleftarrows$ Basisch: $\quad 3\,[NaPb_2(CO_3)_2OH] + H_2O \rightleftarrows 2\,[2\,PbCO_3 \cdot Pb(OH)_2] + HCO_3'$
$$+ CO_3'' + 3\,Na^{\cdot}.$$

Da in den Punkten einer jeden Gleichgewichtskurve die Lösungen an je zwei Bodenkörpern gesättigt sind, so sind deren aktive Massen als konstant anzunehmen, und es folgen somit nach dem Massenwirkungsgesetz die Gleichgewichtsbedingungen:

Basisch $\rightleftarrows$ Neutral (Kurve AQ): $\qquad K_1 = \dfrac{[CO_3'']}{[HCO_3']^2} \qquad\qquad (1)$

Neutral $\rightleftarrows$ Doppelsalz (Kurve QR): $\qquad K_2 = \dfrac{[HCO_3']}{[Na^{\cdot}][CO_3'']} \qquad\qquad (2)$

Doppelsalz $\rightleftarrows$ Basisch (Kurve QS): $\qquad K_3 = [Na^{\cdot}]^3[HCO_3'][CO_3''] \qquad\qquad (3),$

wo K_1, K_2, K_3 Gleichgewichtskonstanten bedeuten, die von den Konzentrationen der Reaktionsteilnehmer unabhängig sind, sich aber mit der Temperatur ändern können. Im gemeinsamen Schnittpunkte der drei Kurven, wo also die drei schwerlöslichen Bleisalze gemeinsam am Boden liegen, müssen auch die drei Gleichgewichtsbedingungen gemeinsam erfüllt sein. Daraus folgt, wie eine einfache Rechnung ergibt:

$$K_3 = \frac{1}{K_1^2 \cdot K_2^3} \qquad\qquad (3').$$

Im folgenden soll an der Hand der Versuche der Tabellen 2, 3, 4 gezeigt werden, wie weit die Gleichungen (1), (2), (3) und (3′) erfüllt sind.

Zur genauen Ermittelung der Konstantenwerte wäre die Kenntnis der Ionisationsgrade von $NaHCO_3$ und Na_2CO_3 erforderlich; diese ist aber besonders für Na_2CO_3 — mit Rücksicht auf dessen stufenweise verlaufende Dissoziation — noch sehr unsicher. Wir haben daher zunächst angenäherte Werte K′ unter Annahme vollständiger Ionisation (oder, was auf dasselbe hinauskommt, unter Einsetzung der Salzkonzentrationen an Stelle der Ionenkonzentrationen) berechnet und dann den Grad der Abweichung der wahren Konstanten K von K′ geschätzt.

Tabelle 2a (vergl. Tabelle 2, S. 9).

Gleichgewichtskonstante der Umsetzung von basischem in neutrales Bleicarbonat.

Versuch Nr.	Im Gleichgewicht		$K_1' = \dfrac{(Na_2CO_3)}{(NaHCO_3)^2}$
	Na_2CO_3 Mol/l	$NaHCO_3$ Mol/l	
7 a	0,0229	0,0239	40
7 b	0,0233	0,0241	40
8 a	0,0145	0,0217	31
8 b	0,0149	0,0208	34,5
9	0,00595	0,0134	33
10	0,0043	0,0117	31,5

Mittel aus Nr. 8—10: 32,5

Tabelle 3a (vergl. Tabelle 3, S. 12).

Gleichgewichtskonstante der Umsetzung von Bleicarbonat in Doppelsalz.

Versuch Nr.	Im Gleichgewicht			$K_2' = \dfrac{(NaHCO_3)}{(Ges.\text{-}Na) \cdot (Na_2CO_3)}$
	Na_2CO_3 Mol/l	$NaHCO_3$ Mol/l	Gesamt-Na Mol/l	
11	0,069	0,106	0,244	6,3
12	0,0667	0,0939	0,2272	6,2
13 a	0,0597	0,0807	0,2001	6,8
13 b	0,0599	0,0800	0,1998	6,7
14	0,0467	0,0497	0,1431	7,4
15	0,0277	0,0252	0,0806	11,3
16	0,0258	0,0254	0,0770	12,8

Mittel aus Nr. 15 u. 16: 12

Tabelle 4a (vergl. Tabelle 4, S. 15).

Gleichgewichtskonstante der Umsetzung von basischem Bleicarbonat in Doppelsalz.

Versuch Nr.	Im Gleichgewicht			$K_3' = (\text{Ges.-Na})^3 \cdot (\text{NaHCO}_3) \cdot (\text{Na}_2\text{CO}_3)$	$\sqrt[5]{K_3'}$
	Na_2CO_3 Mol/l	NaHCO_3 Mol/l	Gesamt-Na Mol/l		
17 a	0,0772	0,0028	0,1571	$8,4 \cdot 10^{-7}$	0,061
17 b	0,0396	0,0098	0,0890	$2,74 \cdot 10^{-7}$	0,049
18	0,0604	0,0050	0,1258	$6,0 \cdot 10^{-7}$	0,057
19 a	0,0401	0,0107	0,0909	$3,21 \cdot 10^{-7}$	0,050
19 b	0,0387	0,0116	0,0889	$3,15 \cdot 10^{-7}$	0,050

Mittel: **0,05**

Die Vernachlässigung der unvollkommenen Ionisation ist um so eher zulässig, je verdünnter die Lösungen sind. Dementsprechend ist in Tab. 2a den vier letzten Versuchen besonderer Wert beizumessen, deren Mittel K_1' sich zu 32,5 ergibt. Immerhin ist auch diese Zahl wohl noch etwas höher als die wahre, auf Ionenkonzentrationen bezogene Gleichgewichtskonstante; denn nach früheren Betrachtungen[1]) ist in einer Na_2CO_3-Lösung das Verhältnis [CO_3'']: (Ges.-Konz.) noch etwas kleiner anzunehmen als das Quadrat des Ionisationsgrades einer äquivalenten NaHCO_3-Lösung. Wir müssen daher setzen:

$$K_1 < 32,5,$$

wobei die Abweichung nur wenige Einheiten betragen kann.

Die Versuche über das Gleichgewicht des Doppelsalzes mit seinen Komponenten sind in Lösungen von höherer Gesamtkonzentration vorgenommen worden, so daß die Vernachlässigung der unvollkommenen Dissoziation hier mehr ins Gewicht fällt. Dem entspricht der erhebliche Gang von K_2' in Tab. 3a von den konzentrierteren zu den verdünnteren Lösungen. Aber auch der Mittelwert aus den Versuchen Nr. 15 und 16, in denen die Gesamt-Na-Konzentration $< 0,1$ n war, $K_2' = 12$, ist zweifellos niedriger als die wahre Gleichgewichtskonstante; denn in den Zähler von K_2 geht der Ionisationsgrad nur einmal, in den Nenner aber zweimal ein, und außerdem sind die letzteren Ionisationsgrade beide kleiner als der von NaHCO_3. Wir müssen also setzen

$$K_2 > 12,$$

und zwar zeigen Berechnungen mit schätzungsweise eingesetzten Dissoziationsgraden, daß die Abweichung nur einige Einheiten betragen kann.

Für das in Tab. 4a dargestellte Gleichgewicht zwischen Doppelsalz und basischem Bleicarbonat kommen besonders die Versuche Nr. 17b, 19a und 19b in Betracht, bei denen Na $< 0,1$ n war. Allerdings liegen diese Punkte sehr nahe bei einander, auch fallen bei den kleinen NaHCO_3-Konzentrationen Titrationsfehler ins Gewicht. Der aus diesen Versuchen berechnete Mittelwert, $K_3' = 3 \cdot 10^{-7}$, ist sicher zu hoch,

---

[1]) Auerbach und Pick, Arb. a. d. Kaiserl. Gesundheitsamte **38**, 263 (1911).

da der Ionisationsgrad fünfmal in die Konstante eingeht. Um den dadurch entstehenden Fehler nicht über Gebühr in Erscheinung treten zu lassen, ist noch $\sqrt[5]{K_3'}$ berechnet worden, deren Mittelwert für die bezeichneten Versuche 0,05 ergibt. Somit folgt

$$\sqrt[5]{K_3} < 0{,}05,$$

wobei eine Schätzungsrechnung ergibt, daß die Abweichung nicht viel mehr als eine Einheit der 2. Dezimale betragen kann.

Die so gefundenen Werte stehen auch zueinander in dem von der Theorie geforderten Verhältnis

$$K_3 = \frac{1}{K_1{}^2 \cdot K_2{}^3}$$

denn es ist

$$\sqrt[5]{\frac{1}{32{,}5^2 \cdot 12^3}} = 0{,}056,$$

während wir fanden

$$\sqrt[5]{K_3'} = 0{,}05.$$

Die Übereinstimmung ist nach dem Gesagten eine hinreichende. Die Anwendung des Massenwirkungsgesetzes hat also zu einer Bestätigung des entworfenen Zustandsdiagramms geführt.

Die für das Gleichgewicht zwischen basischem und neutralem Bleicarbonat auf der Kurve AQ gültige Bedingung:

$$K_1 = \frac{[CO_3'']}{[HCO_3']^2}$$

läßt sich unter Berücksichtigung der Ionisationsverhältnisse der Kohlensäure noch etwas anders und anschaulicher ausdrücken. Sind k_1 und k_2 die beiden Ionisationskonstanten der Kohlensäure gemäß den Gleichungen

$$[H^\cdot] \cdot [HCO_3'] = k_1 [H_2CO_3]$$
$$[H^\cdot] \cdot [CO_3''] = k_2 [HCO_3'],$$

so folgt durch Division

$$\frac{[CO_3'']}{[HCO_3']^2} = \frac{k_2}{k_1 [H_2CO_3]}.$$

Der Vergleich mit der obigen Gleichung für K_1 liefert dann als Bedingung für das Gleichgewicht zwischen basischem und neutralem Bleicarbonat:

$$[H_2CO_3] = \frac{k_2}{k_1 \cdot K_1},$$

d. h. in allen verdünnten Lösungen, mit denen Bleicarbonat und basisches Bleicarbonat im Gleichgewicht sind, ist die Konzentration an freier Kohlensäure und dementsprechend auch deren Tension konstant.

Setzt man die Zahlenwerte für die beiden Dissoziationskonstanten der Kohlensäure[1] $k_1 = 3 \cdot 10^{-7}$ und $k_2 = 6 \cdot 10^{-11}$ sowie den Wert für $K_1 = 32{,}5$ ein, so wird

$$[H_2CO_3] = \frac{6 \cdot 10^{-11}}{3 \cdot 10^{-7} \cdot 32{,}5} = 0{,}6 \cdot 10^{-5} \; \text{Mol/l}$$

---

[1] **Auerbach** und **Pick**, Arb. a. d. Kaiserl. Gesundheitsamte **38**, 243 (1911).

und die Konzentration des Kohlendioxyds im Gasraum gemäß dem Absorptions-koeffizienten 0,928 bei 18^0 [1])

$$[CO_2]_{gas} = \frac{0,6 \cdot 10^{-5}}{0,928} = 0,65 \cdot 10^{-5} \text{ Mol/l},$$

entsprechend einem Druck von

$$p_{CO_2} = [CO_2]_{gas} \cdot RT = 0,65 \cdot 10^{-5} \cdot 0,0821 \cdot 291$$
$$= 0,16 \cdot 10^{-3} \text{ Atm.} = 0,12 \text{ mm Hg.}$$

Diese Zahl bedeutet also die **Dissoziationstension des Kohlendioxyds beim Übergang von Bleicarbonat in basisches Bleicarbonat bei 18⁰.** Die Unsicherheit von K_1 ist nicht größer als diejenige von k_2, beide können die Größenordnung von p_{CO_2} nicht beeinflussen. **Ein Kohlendioxydgehalt von etwas mehr als 0,16 pro Mille, wie er in der Atmosphäre regelmäßig vorhanden ist, müßte also grundsätzlich ausreichen, um Bleiweiß in neutrales Bleicarbonat überzuführen.**

Zusammenfassend kann man über das Diagramm Fig. 2 sagen:

Neutrales Bleicarbonat, $PbCO_3$, ist stabil im Gebiete $AA'RQ$; basisches Bleicarbonat, $2\,PbCO_3 \cdot Pb(OH)_2$, ist stabil im Gebiete $ABSQ$; das Doppelsalz, $NaPb_2(CO_3)_2OH$, ist stabil im Gebiete $RQSB'$.

Längs AQ sind neutrales und basisches Bleicarbonat, längs RQ neutrales Bleicarbonat und Doppelsalz, längs QS basisches Bleicarbonat und Doppelsalz nebeneinander beständig. Im Punkte Q bestehen alle drei Salze nebeneinander.

Dieses Verhalten ist naturgemäß in Übereinstimmung mit den Forderungen der Phasenregel. Zum willkürlichen Aufbau des hier behandelten Systemes sind wenigstens 4 unabhängige Bestandteile erforderlich, z. B. PbO, Na_2O, CO_2 und H_2O. Somit sind nach der Phasenregel bei gegebener Temperatur höchstens 5 Phasen nebeneinander stabil, und zwar nur bei einer einzigen Zusammensetzung der Lösung (vollständiges heterogenes Gleichgewicht). Punkt Q ist ein solcher 5-Phasenpunkt; an ihm bestehen die drei festen Bleisalze, Lösung und gesättigter Dampf nebeneinander.

Sind nur zwei der festen Salze als Bodenkörper zugegen, im ganzen also nur 4 Phasen vorhanden, so gewinnt das System — immer bei gegebener Temperatur gedacht — eine Freiheit; man kann dann innerhalb gewisser Grenzen über die Konzentration einer Lösungskomponente, z. B. des Na_2O, willkürlich verfügen, ohne daß eine der Phasen verschwindet. Dementsprechend sind die drei Grenzlinien AQ, RQ und SQ als 4-Phasenlinien, und zwar als Linien unvollständigen heterogenen Gleichgewichts aufzufassen.

Ist endlich nur ein Bodenkörper (3 Phasen) zugegen, so besitzt das System 2 Freiheitsgrade, und man kann innerhalb gewisser Grenzen über die Konzentration zweier Lösungskomponenten verfügen, ohne die feste Phase zu beeinflussen: so kommt jedem der drei festen Bleisalze ein ganzes Flächengebiet zu.

---

[1]) Bohr und Bock, Wied. Ann. **44**, 318 (1891).

Eine Erhöhung der Zahl der Freiheitsgrade bei feststehender Phasenzahl ist nur möglich, wenn man entweder die Temperatur variieren läßt oder die Zahl der unabhängigen Bestandteile vermehrt. Beide Möglichkeiten sollen im folgenden behandelt werden.

Die Gleichgewichte zwischen den drei Bleisalzen bei 37°.

Bei Temperaturänderung verschieben sich die Grenzlinien des Diagrammes. Einige orientierende Versuche, die in Rücksicht auf physiologische Verhältnisse nahe bei 37° ausgeführt wurden und in Tabelle 7 (S. 26) zusammengestellt sind, ergaben, daß die allgemeine Gestalt des Diagrammes bei 37° erhalten bleibt und im wesentlichen nur eine Verschiebung der Grenzlinien nach links hin, d. h. nach der Hydrocarbonatseite, erfolgt (vgl. Fig. 5).

Der 5-Phasenpunkt liegt also fast genau bei der gleichen Gesamt-Natrium-Konzentration wie bei 18°; während aber die Lösung bei 18° nur etwa 33 Äqu.-Proz. Hydrocarbonat enthält, ist der relative Gehalt an diesem Salz bei 37° auf rund 50 Proz. angewachsen.

Nach den Versuchen von Tab. 7 ist das Diagramm Fig. 5 gezeichnet. Die Kurve Q'S Basisch ⇄ Doppelsalz ist aus dem 5-Phasenpunkt nach dem Massenwirkungsgesetz berechnet. Die Annahmen über den Ionisationsgrad der gelösten Stoffe sind dabei auf den Verlauf der Kurve nur von geringem Einfluß, so daß eine experimentelle Ermittelung an dem Kurvenbilde nur wenig ändern dürfte.

Bemerkenswert ist, daß die Aufspaltung des Doppelsalzes selbst bei 37° noch recht langsam erfolgt.

Eine zur Erreichung des 5-Phasenpunktes bei weitem ausreichende Menge von Doppelsalz und Bleicarbonat wurde bei 37° einen Tag lang mit reinem Wasser geschüttelt.

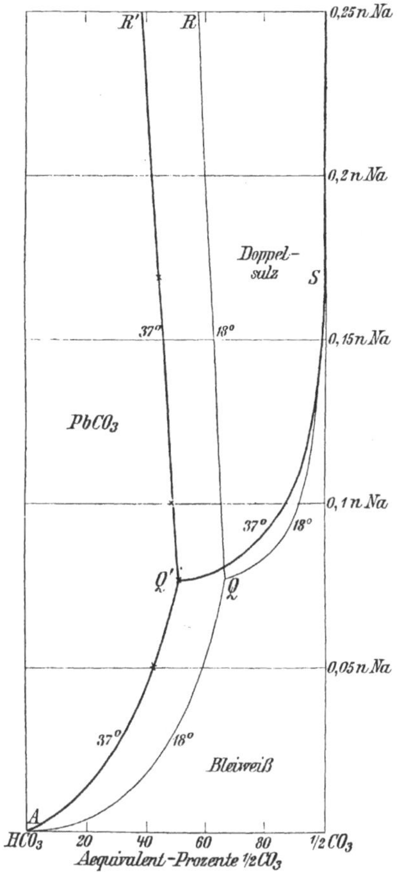

Fig. 5.
Gleichgewicht der Bleicarbonate mit Lösungen der Natriumcarbonate.
37°.

Die Lösung hatte darauf die Zusammensetzung:

$$0,0311 \text{ n } \tfrac{1}{2} \text{ Na}_2\text{CO}_3, \text{ d. i. } 46,4\,\%$$
$$\underline{0,0360 \text{ n } \quad \text{NaHCO}_3, \quad „ \quad 53,6 \text{ „}}$$
$$0,0671 \text{ n } \quad \text{Na.}$$

Der 5-Phasenpunkt war also noch nicht erreicht; wohl aber die Kurve Neutral ⇄ Basisch, AQ, längs deren die weitere Dissoziation des Doppelsalzes wieder nur langsam zu erfolgen scheint.

Tabelle 7 (vergl. Fig. 5).

Gleichgewicht der Bleicarbonate mit Lösungen der Natriumcarbonate
bei 36,7°.

| Ver-such Nr. | Ausgangsstoffe | | Im Gleichgewicht | | | | | Kurve |
| | Lösung | Bodenkörper auf 100 ccm Lösung | $\frac{1}{2}$ Na$_2$CO$_3$ n | NaHCO$_3$ n | Gesamt-Na n | Davon als | | |
						Carbonat %	Hydro-carbonat %	
32	0,05 n $\frac{1}{2}$ Na$_2$CO$_3$	2 g PbCO$_3$	0,0214	0,0291	0,0505	42,4	57,6	AQ'
33	0,25 n NaHCO$_3$	10 g 2 PbCO$_3$ · Pb(OH)$_2$	0,0752	0,0940	0,1692	44,4	55,6	R'Q'
34	desgl.	15 g desgl.	0,0490	0,0514	0,1004	48,8	51,2	R'Q'
35	desgl.	20 g desgl.	0,0392	0,0377	0,0769	51,0	49,0	Punkt Q'

Die Gleichgewichte zwischen den Bleicarbonaten und natriumsulfathaltigen Lösungen der Natriumcarbonate.

Bei der Umsetzung von Bleisulfat mit den Lösungen kohlensaurer Alkalien geht Sulfation in Lösung, während Carbonat enthaltende Stoffe ausfallen. Die Umsetzung verläuft, wie bereits ältere Versuche anderer Autoren lehren und die unsrigen (vgl. S. 3) noch besonders bestätigten, sehr weit, d. h. Bleisulfat ist erst dann neben seinen carbonathaltigen Umsetzungsprodukten stabil, wenn die Lösung fast gar kein Alkalicarbonat mehr enthält und fast alles Alkali in Form von Sulfat gelöst ist. Zur Klärung dieser Umsetzungsverhältnisse war es daher erforderlich, die oben für lediglich Natriumcarbonat und -hydrocarbonat enthaltende Lösungen dargelegten Beziehungen zwischen den verschiedenen Bleicarbonaten nunmehr auch für Gegenwart von Natriumsulfat in der Lösung zu behandeln. Dabei war es von vornherein klar, daß dem Natriumsulfat nur in sehr geringem Maße eine spezifische Rolle zukommen kann, daß es bei gegebenem Gesamt-Natrium-Gehalt der Lösung gewissermaßen nur als Verdünnungsmittel wirken würde und mit einiger Annäherung durch irgend ein anderes, ähnlich ionisiertes Natriumsalz ersetzt werden könnte, das mit Pb-Ion kein sehr schwerlösliches Salz bildet. Spezifische Wirkungen des Sulfats werden nur dann eintreten, wenn äußerst wenig Carbonat und viel Sulfat in der Lösung zugegen ist und die Bedingungen zur Ausfällung von Bleisulfat gegeben sind. Von diesen extremen Fällen möge vorerst abgesehen werden.

Die im folgenden zur Veranschaulichung der experimentellen Ergebnisse benutzte graphische Darstellungsweise schließt sich der vielfach für ternäre Systeme benutzten Methode des Dreiecksdiagramms an und umfaßt die im vorigen Abschnitt angewandte Darstellungsweise als Spezialfall. Beschränkt man sich zunächst auf Lösungen von Natriumsulfat, -carbonat und -hydrocarbonat mit einem konstanten Gesamt-Natrium-Gehalt, so läßt sich die Gesamtheit dieser Systeme passend durch die Punkte eines gleichseitigen Dreiecks darstellen. Die Längen der von einem

Punkte auf die drei Seiten gefällten Lote sollen als Maß für die Äquivalent-Konzentrationen der drei Salze (oder ihrer Säurereste) dienen (vgl. Fig. 6). Da einem geometrischen Satze zufolge für alle Punkte der Dreiecksfläche die Summe der drei Lote auf die Seiten konstant ist, wird der erwähnten Bedingung

$$[\tfrac{1}{2}SO_4] + [\tfrac{1}{2}CO_3] + [HCO_3] = [Na] = \text{konst.}$$

genügt. Wie man sieht, entsprechen die Ecken des Dreiecks den reinen Lösungen von Na_2SO_4, Na_2CO_3 und $NaHCO_3$, die Dreiecksseiten ihren binären Lösungsgemischen. Die Dreiecksseite $HCO_3\text{-}\tfrac{1}{2}CO_3$ entspricht dann einer Horizontalen in den Diagrammen des vorigen Abschnittes.

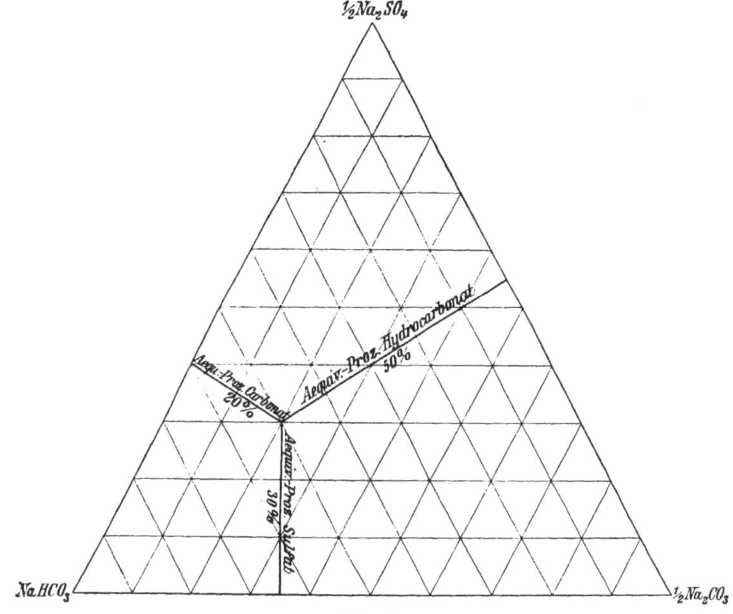

Fig. 6.
Graphische Darstellung der Lösungsgemische von $NaHCO_3$, Na_2CO_3, Na_2SO_4
bei bestimmter Gesamt-Na-Konzentration.

Zur graphischen Darstellung von Lösungen mit wechselndem Natriumgehalt muß die ebene Darstellungsweise durch die räumliche ersetzt und zweckmäßig ein vertikales dreiseitiges Prisma benutzt werden (vgl. Fig. 7 f. S.), dessen Horizontalschnitte die Dreiecksdiagramme für jeden einzelnen Natriumgehalt bedeuten. Die vertikale Erhebung eines Punktes über die Basis des Prismas dient als Konzentrationsmaß für den Gesamt-Natriumgehalt, während seine Lage im horizontalen Dreiecksschnitt die prozentische Verteilung des Natriums auf die drei Säurereste gibt. Die im vorigen Abschnitt benutzte Flächendarstellung ist nichts anderes als die $HCO_3\text{-}\tfrac{1}{2}CO_3$-Ebene des Dreiecksprismas.

Die grundsätzlichen Änderungen, die die Anwesenheit des Sulfats hervorruft, sind an der Hand der Phasenregel leicht herzuleiten. Das System ist nunmehr um einen unabhängigen Bestandteil (als den man z. B. SO_3 wählen kann) bereichert worden, enthält also die 5 Bestandteile PbO, Na_2O, CO_2, SO_3, H_2O. Bei gegebener Temperatur ist demnach ein 5-Phasenpunkt noch ein Punkt unvollständigen Gleichgewichtes, bei Anwesenheit von 5 Phasen verbleibt noch ein Freiheitsgrad, d. h. der 5-Phasenpunkt des quaternären Systemes wird jetzt zu einer 5-Phasenlinie. Ähnlich treten an Stelle der Grenzlinien je zweier Bleisalze nunmehr Grenzflächen und an Stelle der Existenzflächen der einzelnen Bleisalze Existenzräume.

Die 5-Phasenlinie. Zur experimentellen Ermittelung dieser Verhältnisse kam es im wesentlichen darauf an, den Verlauf der 5-Phasenlinie zu verfolgen, d. h. der Linie, längs deren Bleicarbonat, basisches Bleicarbonat und basisches Natriumbleicarbonat nebeneinander mit der Lösung im Gleichgewicht sind.

Die Versuche wurden ganz ähnlich wie früher an sulfatfreien Lösungen angestellt. Basisches Bleicarbonat wurde im Überschuß zu sulfathaltigen Natriumcarbonat-hydrocarbonat-Lösungen zugesetzt, die — nach dem Massenwirkungsgesetz zu urteilen — im Stabilitätsgebiete des Bleicarbonats lagen. Solches fiel dann primär als neuer Bodenkörper aus. Dabei nahm in der Lösung der Carbonatgehalt auf Kosten des

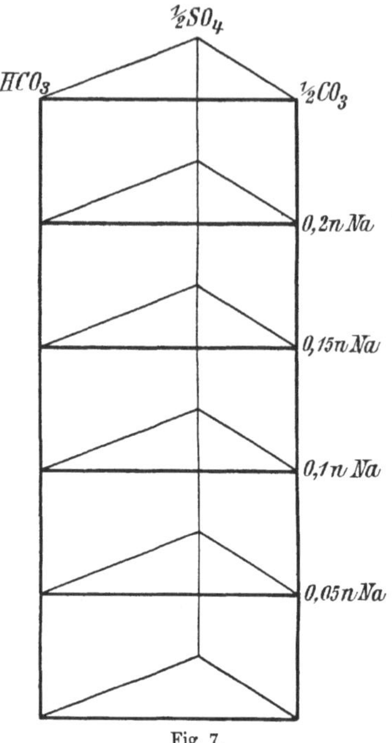

Fig. 7.

Räumliche Darstellung der Lösungsgemische von $NaHCO_3$, Na_2CO_3, Na_2SO_4 bei verschiedener Gesamt-Na-Konzentration.

Hydrocarbonates zu, so daß schließlich die Grenze des Doppelsalzgebietes erreicht wurde. Von da ab fielen $PbCO_3$ und Doppelsalz nebeneinander aus, die Reaktion verlief also unter Verbrauch von Natrium längs der Grenzfläche zwischen den Grenzgebieten beider Salze, und zwar so lange, bis schließlich ein Punkt der 5-Phasenlinie erreicht war. An welchem Punkte dieser Linie die Reaktion zum Stillstand kam, hing von der Menge des zugesetzten Natriumsulfates ab.

Die analytische Untersuchung der Gleichgewichtslösungen war im wesentlichen dieselbe wie früher. Auf eine Bestimmung des Sulfatgehaltes in der Lösung konnte verzichtet werden, da Vorversuche ergeben hatten, daß er sich bei der Reaktion nicht ändert. Es wurden daher genau gemessene Mengen einer analytisch kontrollierten Na_2SO_4-Lösung den Ausgangslösungen zugesetzt.

Die Gegenwart des Sulfats bedingte eine kleine Korrektur bei der Titration mit Methylorange als Indikator. Es wurde beobachtet, daß Methylorange in Gegenwart von Natriumsulfat erst bei etwas höheren HCl-Zusätzen nach rot umschlägt als sonst, und zwar scheint der erforderliche kleine Säureüberschuß nur von der Konzentration des Natriumsulfats abzuhängen, also eine „Salzwirkung" auf den Farbstoff zur Ursache zu haben. Es wurden dementsprechend für die verschiedenen Sulfatkonzentrationen Titerkorrekturen ermittelt, die sich zwischen 0 und etwa 0,2 ccm 0,1 n HCl bewegten. Enthielt z. B. die auf 200 ccm gebrachte Titrationsflüssigkeit 2,5 Milliäquivalente Na_2SO_4, so wurden von der verbrauchten Menge 0,1 n Säure 0,15 ccm in Abzug gebracht.

Die zur 5-Phasenlinie führenden Reaktionen verliefen anfangs rasch, strebten aber dann dem endgültigen Gleichgewicht — namentlich in sulfatreicheren Lösungen — nur sehr langsam zu. Die in Tabelle 8 angeführten Gleichgewichtskonzentrationen wurden nach 4 Wochen, z. T. auch erst nach 8 Wochen langem Schütteln beobachtet, doch trat in den letzten Wochen keine deutliche Änderung mehr ein. Parallelversuche mit etwas kürzerer Schütteldauer, die hier nicht mit angeführt sind, ergaben sehr nahe die gleichen Werte.

Tabelle 8 (vergl. Fig. 8 und Fig. 9).

Gleichgewicht zwischen Bleicarbonat, basischem Bleicarbonat und basischem Natriumbleicarbonat mit sulfathaltigen Lösungen von Natrium-carbonat und Natriumhydrocarbonat bei 18°. 5-Phasenlinie.

Vers. Nr.	Ausgangsstoffe		Im Gleichgewicht				Davon als		
	Lösung	g Blei-weiß auf 100 ccm Lösung	$\frac{1}{2}Na_2CO_3$ n	$NaHCO_3$ n	$\frac{1}{2}Na_2SO_4$ n	Ges.-Na n	Carbo-nat %	Hydro-carbo-nat %	Sulfat %
16 (vergl. Tab. 3)	0,125 n $\frac{1}{2}Na_2CO_3$ 0,125 n $NaHCO_3$	15	0,0516	0,0254	—	0,0770	67,0	33,0	—
36	0,115 n $\frac{1}{2}Na_2CO_3$ 0,115 n $NaHCO_3$ 0,020 n $\frac{1}{2}Na_2SO_4$	14	0,0378	0,0199	0,0200	0,0777	48,7	25,6	25,7
37	0,1025 n $\frac{1}{2}Na_2CO_3$ 0,1025 n $NaHCO_3$ 0,0450 n $\frac{1}{2}Na_2SO_4$	14	0,0300	0,0170	0,0450	0,0920	32,6	18,5	48,9
38	0,03125 n $\frac{1}{2}Na_2CO_3$ 0,09375 n $NaHCO_3$ 0,1250 n $\frac{1}{2}Na_2SO_4$	10	0,0145	0,0131	0,1250	0,1526	9,5	8,6	81,9
39	0,0156 n $\frac{1}{2}Na_2CO_3$ 0,0469 n $NaHCO_3$ 0,1875 n $\frac{1}{2}Na_2SO_4$	6	0,0122	0,0097	0,1875	0,2094	5,8	4,6	89,6

Zeichnet man die in dieser Tabelle angeführten Gleichgewichtspunkte ohne Rücksicht auf den verschiedenen Gesamt-Na-Gehalt in ein einziges Dreiecksdiagramm, mit anderen Worten projiziert man die Raumpunkte in eine Horizontalebene, so liegen sämtliche Punkte nahe auf einer Geraden (mit Ausnahme von Versuch Nr. 39, bei dem Versuchsfehler sehr ins Gewicht fallen) (Fig. 8 f. S.). Dies bedeutet, daß eine durch die experimentell ermittelten 5-Phasenpunkte gelegte Raumkurve praktisch in einer

auf den horizontalen Dreiecksschnitten senkrechten Ebene liegt. In Fig. 9 ist diese vertikale Ebene als Zeichenebene gewählt; die 5-Phasenpunkte liegen dann in einer anfangs sehr langsam, dann immer rascher ansteigenden Kurve.

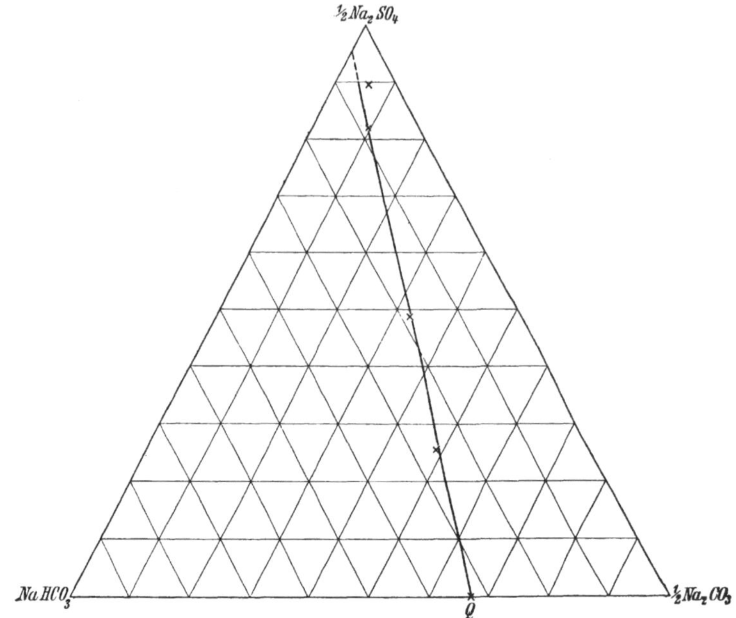

Fig. 8.

Gleichgewicht der Bleicarbonate mit Lösungen von NaHCO₃, Na₂CO₃, Na₂SO₄.
Projektion der 5-Phasen-Linie.
18⁰.

Theoretische Betrachtung der 5-Phasenlinie. Der Verlauf dieser Kurve steht im Einklang mit dem Massenwirkungsgesetz. Denn danach müssen längs der 5-Phasenkurve die Bedingungen für gleichzeitige Anwesenheit aller drei Bleisalze erfüllt sein, also z. B. die Gleichungen

$$K_1 = \frac{[CO_3'']}{[HCO_3']^2}$$

$$K_3 = [Na\cdot]^3 \cdot [HCO_3'] \cdot [CO_3''].$$

Daraus folgt als Gleichung für die 5-Phasenkurve:

$$[Na\cdot]^3 \cdot [HCO_3']^3 = \frac{K_3}{K_1} \quad \text{oder}$$

$$[Na\cdot] \cdot [HCO_3'] = \sqrt[3]{K_3/K_1} = K_4.$$

In der folgenden Tabelle 8a ist in ähnlicher Weise wie bei den früheren Konstanten, unter Vernachlässigung der unvollkommenen Dissoziation, an Stelle von $K_4 = [Na\cdot] \cdot [HCO_3']$ der angenäherte Wert $K_4' = (\text{Ges.-Na}) \cdot (NaHCO_3)$ berechnet worden.

Tabelle 8a (vgl. Tab. 8).   Gleichgewichtskonstante der 5-Phasenlinie.

Versuch Nr.	Im Gleichgewicht				$K_4' = $ (Gesamt-Na) · (NaHCO$_3$)
	Na$_2$CO$_3$ Mol/l	NaHCO$_3$ Mol/l	Na$_2$SO$_4$ Mol/l	Gesamt-Na Mol/l	
16	0,0258	0,0254	—	0,0770	$1,96 \cdot 10^{-3}$
36	0,0189	0,0199	0,0100	0,0777	1,55 „
37	0,0150	0,0170	0,0225	0,0920	1,56 „
38	0,00725	0,0131	0,0625	0,1526	2,00 „
39	0,0061	0,0097	0,09375	0,2094	2,03 „

Mittel: $1,8 \cdot 10^{-3}$

Der wahre Wert von K$_4$ muß merklich niedriger sein als der berechnete Mittelwert von K$_4'$, da die Dissoziationsgrade zweimal in die Konstante eingehen. Doch steht K$_4'$ zu K$_3'$ und K$_1'$ annähernd in dem für die wahren Konstanten erforderten Verhältnis, denn es ist

$$\sqrt[3]{\frac{K_3'}{K_1'}} = \sqrt[3]{\frac{3 \cdot 10^{-7}}{32,5}} = 2 \cdot 10^{-3} .$$

Oben ist K$_4$ mit K$_1$ und K$_3$ in Beziehung gesetzt worden; wählt man statt dessen K$_1$ und K$_2$, so folgt in ähnlicher Weise $K_4 = \dfrac{1}{K_1 \cdot K_2}$, und bei Einsetzung der entsprechenden Zahlenwerte erhält man für $K_4' = \dfrac{1}{K_1' \cdot K_2'}$ den etwas höheren Wert $2,5 \cdot 10^{-3}$.

Existenzbedingungen der Bleicarbonate in sulfathaltigen Lösungen. Mit Hilfe der 5-Phasenlinie und des in Fig. 2 dargestellten Zustandsdiagramms der sulfatfreien Systeme ist es möglich, die Existenzverhältnisse der drei Bleisalze in den sulfathaltigen Lösungen zu übersehen und räumlich zu veranschaulichen.

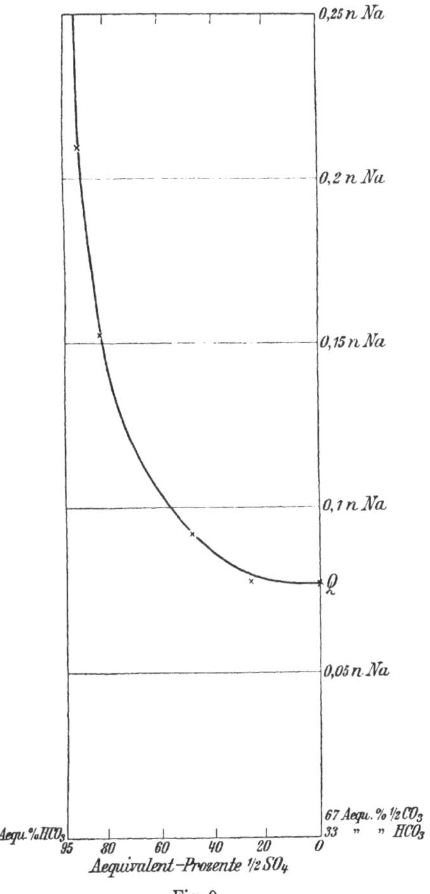

Fig. 9.
Gleichgewicht der Bleicarbonate mit Lösungen von NaHCO$_3$, Na$_2$CO$_3$, Na$_2$SO$_4$.
5-Phasen-Linie.
18°.

Im folgenden seien zunächst die horizontalen Schnitte des Raumdiagramms für die Na-Konzentrationen 0,05 n, 0,1 n, 0,15 n, 0,2 n und 0,25 n wiedergegeben.

Bei einer Gesamt-Na-Konzentration von 0,05 n (Fig. 10) treten nur Bleicarbonat und basisches Bleicarbonat auf, da das Existenzgebiet des Doppelsalzes nicht tiefer als bis 0,077 Na reicht. Das Dreiecksfeld wird also lediglich von der Grenzfläche

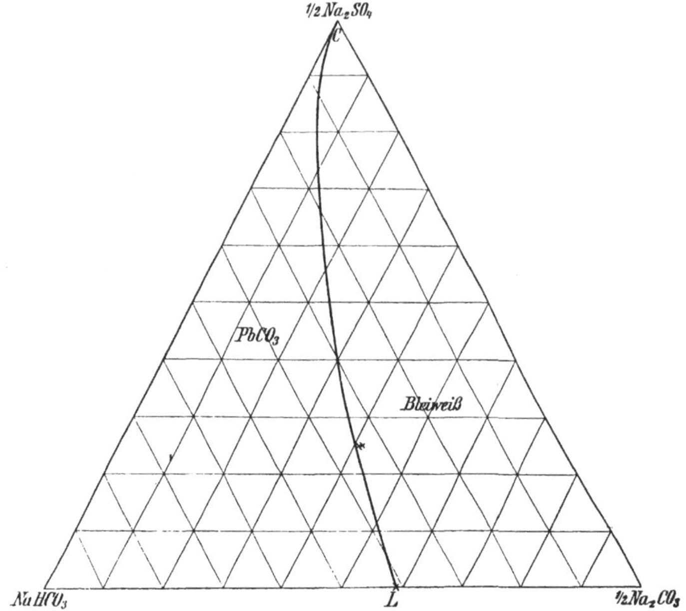

Fig. 10.

Gleichgewicht der Bleicarbonate mit Lösungen von $NaHCO_3$, Na_2CO_3, Na_2SO_4.
0,05 n Na. 18°.

Neutral $\rightleftarrows$ Basisch in einer Kurve CL geschnitten. Der Punkt L ist dem Diagramm Fig. 3 entnommen, die übrige Kurve nach dem Massenwirkungsgesetz $[CO_3]/[HCO_3]^2 =$ konst. aus der Lage von L berechnet[1]). Daß diese Berechnung zutrifft, zeigt ein Doppelversuch mit 25 Äqu.-Proz. Sulfat (Tab. 9 S. 33), dessen Ergebnis sich der Kurve gut einfügt.

Der Horizontalschnitt für 0,1 n Na (Fig. 11) wird bereits von der 5-Phasenlinie getroffen und zeigt dementsprechend Schnittlinien mit allen drei Grenzflächen des Raumdiagramms, d. h. bei einer Gesamt-Na-Konzentration von 0,1 n hat außer dem Bleicarbonat und basischen Bleicarbonat auch das basische Natriumbleicarbonat ein Existenzgebiet. Die Lage des 5-Phasenpunktes $Q_{0,1}$ ergibt sich aus dem Schnittpunkt der 5-Phasenlinie in Fig. 9 mit der Horizontalen für 0,1 n Na, die der Punkte $S_{0,1}$

---

[1]) Die Unvollständigkeit der Ionisation spielt bei dieser Berechnung keine Rolle, da es sich um Lösungen von gleicher Gesamt-Na-Konzentration handelt, in denen nach bekannten Regeln der Ionisationsgrad der einzelnen Salze bei wechselndem Mischungsverhältnis sich nicht ändert.

Tabelle 9 (vergl. Fig. 10).

Gleichgewicht der Bleicarbonate mit natriumsulfathaltigen Lösungen der
Natriumcarbonate bei 18°. Gesamt-Na = 0,05 n.

Versuch Nr.	Ausgangsstoffe		Im Gleichgewicht				Davon als		
	Lösung	g Bodenkörper auf 100 ccm Lösung	$\frac{1}{2}Na_2CO_3$ n	$NaHCO_3$ n	$\frac{1}{2}Na_2SO_4$ n	Ges.-Na n	Carbonat %	Hydrocarbonat %	Sulfat %
40	0,0125 n $\frac{1}{2}$ Na_2SO_4 0,0375 n $\frac{1}{2}$ Na_2CO_3	1,3 g $PbCO_3$	0,0205	0,0169	0,0125	0,0499	41,1	33,9	25,0
41	0,0125 n $\frac{1}{2}$ Na_2SO_4 0,0375 n $NaHCO_3$	1,3 g Bleiweiß	0,0206	0,0172	0,0125	0,0503	40,9	34,2	24,9

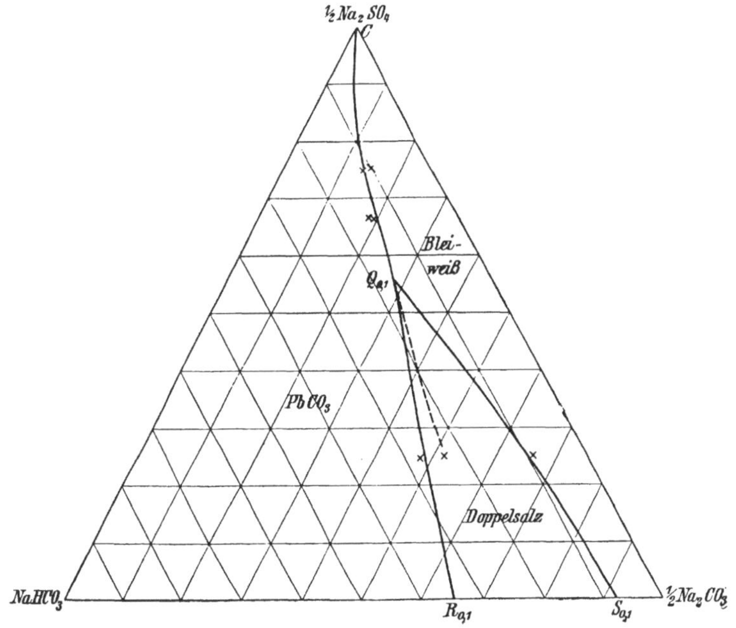

Fig. 11.
Gleichgewicht der Bleicarbonate mit Lösungen von $NaHCO_3$, Na_2CO_3, Na_2SO_4.
0,1 n Na. 18°.

und $R_{0,1}$ aus den Schnittpunkten von QS und QR mit der Horizontalen für 0,1 n Na
in dem Gleichgewichtsdiagramm für sulfatfreie Lösungen Fig. 2. Die diese Punkte
verbindenden 4-Phasenlinien sind wiederum unter Anlehnung an das Massenwirkungsgesetz gezeichnet, indem $CQ_{0,1}$ der Gleichgewichtsbedingung Basisch ⇄ Neutral, $Q_{0,1}R_{0,1}$
der Gleichgewichtsbedingung Neutral ⇄ Doppelsalz und $Q_{0,1}S_{0,1}$ der Gleichgewichtsbedingung Basisch ⇄ Doppelsalz genügen muß. Bei der Zeichnung der Kurven QS
(vergl. auch die folgenden Diagramme) wurde ein graphischer Ausgleich vorgenommen,

da die Kurven sich nicht ganz übereinstimmend ergeben, je nachdem ob man Punkt Q oder Punkt S der Rechnung zugrunde legt.

Die Gleichgewichtsverhältnisse bei 0,1 n Na wurden in mehreren Punkten der experimentellen Prüfung unterworfen. Die Einzelheiten dieser Versuche sind aus der Tabelle 10 ersichtlich.

Tabelle 10 (vergl. Fig. 11).

Gleichgewicht der Bleicarbonate mit natriumsulfathaltigen Lösungen der Natriumcarbonate bei 18°. Gesamt-Na = 0,1 n.

| Vers.-Nr. | Ausgangsstoffe | | Im Gleichgewicht | | | | Davon als | | |
	Lösung	Bodenkörper auf 100 ccm Lösung	$\frac{1}{2}$ Na$_2$CO$_3$ n	NaHCO$_3$ n	$\frac{1}{2}$ Na$_2$SO$_4$ n	Ges.-Na n	Carbonat %	Hydrocarbonat %	Sulfat %
	Gleichgewicht Neutral ⇄ Doppelsalz, Kurve $Q_{0,1}$ $R_{0,1}$.								
42a	0,1125 n $\frac{1}{2}$ Na$_2$CO$_3$ 0,1125 n NaHCO$_3$ 0,0250 n $\frac{1}{2}$ Na$_2$SO$_4$	etwa 10 g Bleiweiß	0,0514	0,0283	0,0250	0,1047	49,1	27,0	23,9
42b	Lösung von 42a	weitere 3g Bleiweiß	0,0463	0,0265	0,0250	0,0978	47,3	27,1	25,6
	interpoliert für genau 0,1 n Na:		0,0480	0,0270	0,0250	0,1000	48,0	27,6	25,0
	Gleichgewicht Basisch ⇄ Doppelsalz, Kurve $Q_{0,1}$ $S_{0,1}$.								
43	0,075 n $\frac{1}{2}$ Na$_2$CO$_3$ 0,025 n $\frac{1}{2}$ Na$_2$SO$_4$	0,3 g · PbCO$_3$ und 1 g Doppelsalz	0,0638	0,0095	0,0250	0,0983	65,0	9,7	25,3
	extrapoliert für genau 0,1 n Na:		0,066	0,009	0,025	0,100	66	9	25
	Gleichgewicht Basisch ⇄ Neutral (metastabil), Verlängerung von $CQ_{0,1}$.								
44	0,075 n $\frac{1}{2}$ Na$_2$CO$_3$ 0,025 n $\frac{1}{2}$ Na$_2$SO$_4$	2 g PbCO$_3$	0,0517	0,0229	0,0250	0,0996	51,9	23,0	25,1
	Gleichgewicht Basisch ⇄ Neutral (stabil), Kurve $CQ_{0,1}$.								
45	0,0333 n $\frac{1}{2}$ Na$_2$CO$_3$ 0,0667 n $\frac{1}{2}$ Na$_2$SO$_4$	1,3 g PbCO$_3$	0,0184	0,0149	0,0667	0,1000	18,4	14,9	66,7
46	0,0333 n NaHCO$_3$ 0,0667 n $\frac{1}{2}$ Na$_2$SO$_4$	1,3 g Bleiweiß	0,0191	0,0144	0,0667	0,1002	19,1	14,4	66,6
47	0,025 n $\frac{1}{2}$ Na$_2$CO$_3$ 0,075 n $\frac{1}{2}$ Na$_2$SO$_4$	1,3 g PbCO$_3$	0,0146	0,0098	0,0750	0,0994	14,7	9,9	75,4
48	0,025 n NaHCO$_3$ 0,075 n $\frac{1}{2}$ Na$_2$SO$_4$	1,3 g Bleiweiß	0,0138	0,0112	0,0750	0,1000	13,8	11,2	75,0

Um einen Punkt der Gleichgewichtsfläche Basisch ⇄ Doppelsalz (Schnitt $Q_{0,1}$ $S_{0,1}$) zu erhalten (Vers. 43), wurde eine Sulfat enthaltende Sodalösung mit einer sehr kleinen Menge neutralen Bleicarbonates geschüttelt. Die Reaktion verläuft dann zunächst bei konstantem Natriumgehalt und konstantem Prozentgehalt an Sulfat als reine Bleiweißbildung; der PbCO$_3$-Zusatz ist so bemessen, daß die Kurve $Q_{0,1}$ $S_{0,1}$ gerade erreicht wird und der dann noch verbleibende kleine Rest von PbCO$_3$ schon nach kurzer Reaktion längs der Gleichgewichtsfläche Basisch $\rightleftarrows$ Doppelsalz unter Bildung dieser beiden Salze verbraucht ist. Damit die Ausfällung von Doppelsalz bei Erreichung seines Existenzgebietes auch wirklich eintritt, erwies es sich als notwendig, von vornherein etwas Doppelsalz zuzusetzen. Andernfalls kommt es vor, daß die Lösung an Doppelsalz übersättigt bleibt, d. h. die Kurve QS übersprungen wird, die Reaktion unter ausschließlicher Bildung von weiterem Bleiweiß auf metastabilem Wege ins Doppelsalzgebiet hinein verläuft und, wie Versuch 44 lehrt, erst bei einem Punkte haltmacht, der sichtlich in der Verlängerung der Gleichgewichtslinie Basisch $\rightleftarrows$ Neutral, CQ$_{0,1}$, liegt, also als metastabiler Punkt dieser Linie zu deuten ist.

Die drei folgenden Schnitte bei den Gesamt-Na-Konzentrationen 0,15 n, 0,2 n und 0,25 n, Fig. 12, 13, 14, sind nach denselben Grundsätzen gezeichnet wie der vorige und sind ohne weiteres verständlich. Wie man sieht, wird das Gebiet des Doppelsalzes mit steigender Natriumkonzentration immer breiter und erstreckt sich immer näher an die Sulfatecke heran, während das Existenzgebiet des basischen Bleicarbonates mehr und mehr zusammenschrumpft.

Deutlicher sieht man dies in der räumlichen Darstellung, die in Fig. 15 nach einem Drahtmodell wiedergegeben ist. Das Gebiet des Doppelsalzes bildet einen Keil, der sich zwischen die Existenzgebiete des neutralen und basischen Bleicarbonates einschiebt. Die Trennungsfläche zwischen neutralem Bleicarbonat und basischem Blei-

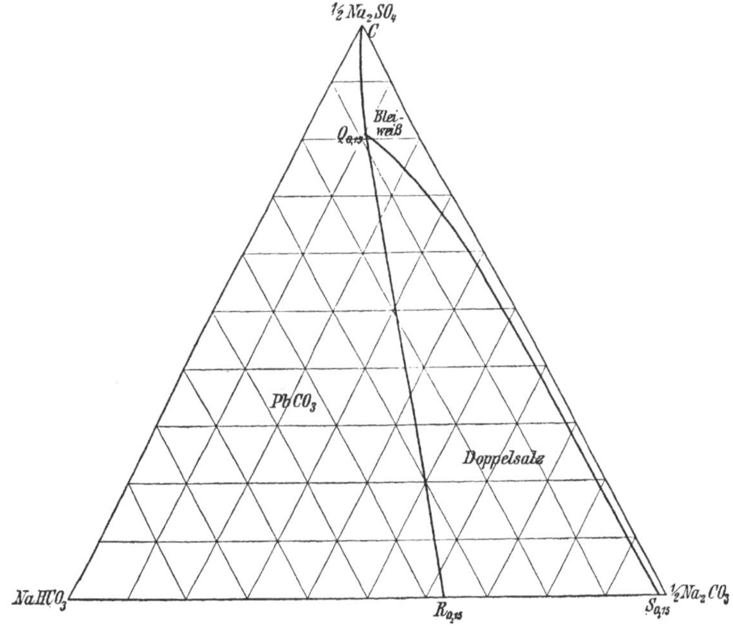

Fig. 12.
Gleichgewicht der Bleicarbonate mit Lösungen von NaHCO$_3$, Na$_2$CO$_3$, Na$_2$SO$_4$.
0,15 n Na. 18°.

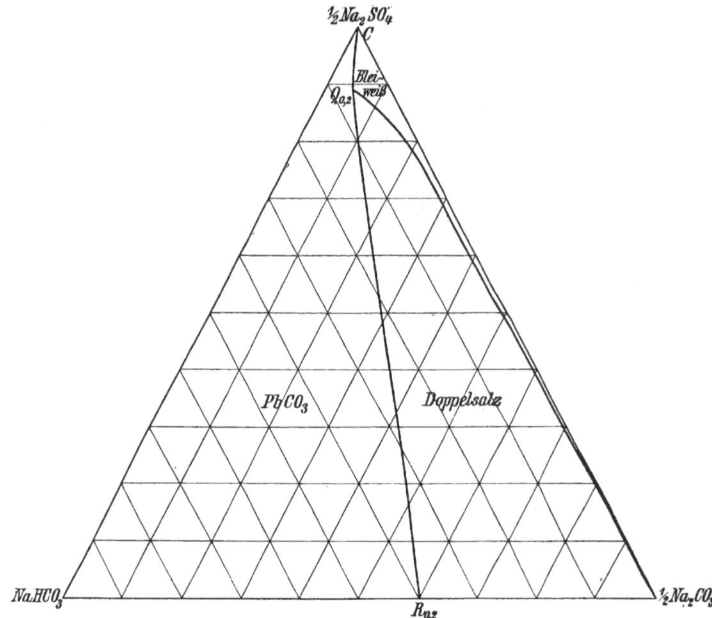

Fig. 13.

Gleichgewicht der Bleicarbonate mit Lösungen von $NaHCO_3$, Na_2CO_3, Na_2SO_4.
0,2 n Na. 18°.

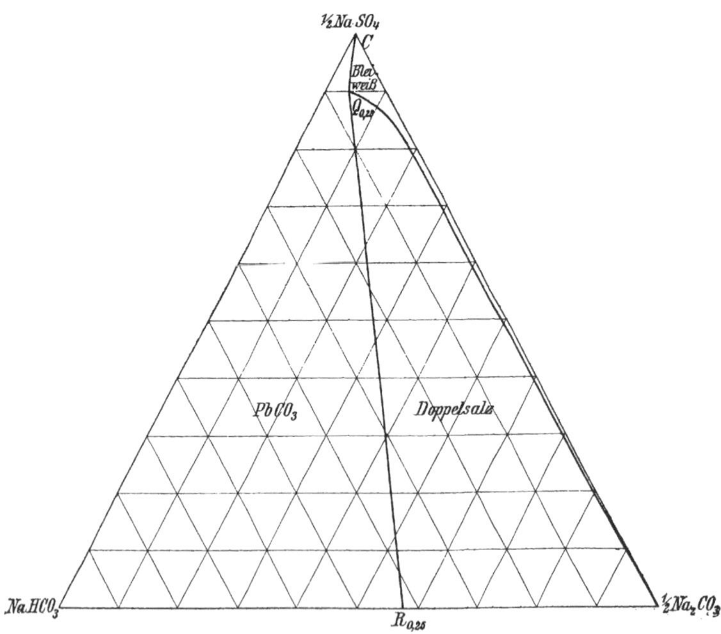

Fig. 14.

Gleichgewicht der Bleicarbonate mit Lösungen von $NaHCO_3$, Na_2CO_3, Na_2SO_4.
0,25 n Na. 18°.

carbonat, die noch bei 0,077 n Na das Raumdiagramm von hinten bis nach vorn teilt, wird dadurch bei höheren Na-Konzentrationen mehr und mehr verkürzt und auf sulfatreichere Lösungen beschränkt.

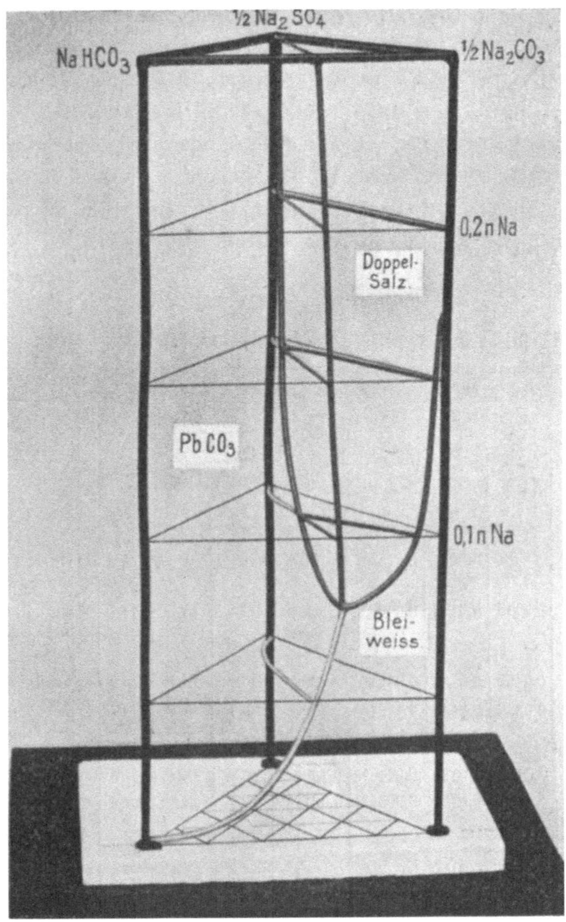

Fig. 15.
Gleichgewicht der Bleicarbonate mit Lösungen von $NaHCO_3$, Na_2CO_3, Na_2SO_4.
18°.

Die Umsetzung von Bleisulfat mit Natriumcarbonatlösung.

Bei keinem der bisher beschriebenen Versuche wurde das Auftreten von Bleisulfat beobachtet. Hieraus folgt, im Einklang mit sonstigen Erfahrungen über die Löslichkeitsverhältnisse des Bleicarbonates und des Bleisulfats, daß innerhalb des untersuchten Konzentrationsgebietes der Natriumsalzlösungen Bleisulfat anscheinend überhaupt nicht beständig ist und somit mit allen — oder wenigstens fast allen — durch das Raumdiagramm dargestellten Lösungsgemischen unter Abgabe von Sulfation an die Lösung in Umsetzung treten muß. Welche schwerlöslichen Bleisalze dabei entstehen, hängt von der Art der Ausgangslösung und dem dadurch bedingten Reaktionswege ab.

Bringt man z. B. eine 0,1 n $^1/_2$ Na_2CO_3-Lösung mit Bleisulfat in Berührung, so liegt der Ausgangspunkt im Existenzgebiet von Bleiweiß, und demnach bildet sich zunächst reines basisches Bleicarbonat gemäß der Reaktionsgleichung:

$$3\,PbSO_4 + 4\,Na_2CO_3 + 2\,H_2O \rightarrow 2\,PbCO_3 \cdot Pb(OH)_2 + 2\,NaHCO_3 + 3\,Na_2SO_4.$$

Es entstehen also in der Lösung auf je 4 Äquivalente verschwindenden Carbonates 1 Äquivalent Hydrocarbonat und 3 Äquivalente Sulfat. Zeichnet man, wie dies in Fig. 16 (S. 39) geschehen ist, diesen stöchiometrischen Reaktionsweg in das Diagramm für 0,1 n Na ein[1]), so ergibt sich die Richtung BD.

Tabelle 11 (vergl. Fig. 16).

Umsetzung von Bleisulfat mit 0,1 n $^1/_2$ Na_2CO_3-Lösung bei 18°.

Versuch Nr.	g $PbSO_4$ angewandt auf 100 ccm 0,1 n $^1/_2$ Na_2CO_3	Zusammensetzung der Lösung nach der Umsetzung				Davon als			Bemerkungen
		$^1/_2$ Na_2CO_3 n	$NaHCO_3$ n	$^1/_2$ Na_2SO_4 n	Ges.-Na n	Carbonat %	Hydrocarbonat %	Sulfat %	
49	0,2	0,080	0,005	0,015*)	0,100*)	80	5	15	*) Unter Annahme konstanter Na-Konzentration
50	0,667	0,0414	0,0131	0,0440*)	0,0985	42,0	13,3	44,7	*) Berechnet aus der Menge des angewandten Bleisulfats
51	0,667	0,0429	0,0132	0,0421*)	0,0982	43,7	13,4	42,9	*) Analytisch bestimmt
52	0,800	0,0333	0,0146	0,0527*)	0,1006	33,1	14,5	52,4	*) Berechnet aus der Menge des angewandten Bleisulfats
53	0,934	0,0250	0,0134	0,0616*)	0,1000	25,0	13,4	61,6	*) Desgl.
54	1,000	0,0187	0,0130	0,0660*)	0,0977**)	19,1	13,3	67,6	*) Desgl. **) Ausgangslösung war etwas schwächer als 0,1 n
55	1,100	0,0169	0,0109	0,0726*)	0,1004	16,8	10,9	72,3	*) Berechnet aus der Menge des angewandten Bleisulfats

Diese stöchiometrische Forderung findet ihre Bestätigung durch den Versuch Nr. 49 der Tabelle 11, bei dem eine kleine Menge Bleisulfat mit überschüssiger Sodalösung einen Tag lang geschüttelt wurde. Der Bodenkörper konnte auch analytisch als basisches Bleicarbonat identifiziert und auf diese Reaktion eine Darstellungsmethode für reines Bleiweiß (vergl. S. 5) gegründet werden. Bei Anwendung größerer Bleisulfatmengen werden immer längere Wege längs der Geraden BD zurückgelegt, bis schließlich die Grenzfläche zwischen basischem Bleicarbonat und Doppelsalz im Punkt T erreicht wird. Von hier ab entsteht neben weiterem basischen Bleicarbonat

---

[1]) Als Gerade, die von der Achse AB den dreifachen Abstand hat als von BC.

noch **Natriumdoppelsalz** als Bodenkörper, so daß der Na-Gehalt der Lösung etwas sinken und die Reaktion ihren Weg auf der Gleichgewichtsfläche Basisch $\rightleftarrows$ Doppelsalz aus der durch das Dreiecksdiagramm wiedergegebenen Horizontalfläche heraus nach unten nehmen muß. In der Tat zeigen die drei folgenden, mit höheren Bleisulfatmengen angestellten Versuche (Nr. 50 u. f.), wie der Reaktionsweg die stöchiometrische Gerade BD verläßt und — in Projektion auf die Ebene für 0,1 n Na gezeichnet — sich, wie zu erwarten, ein klein wenig links von der Linie STQ bewegt. Die Sulfatkonzentration in der Lösung wurde — weil uns zur Zeit der Anstellung dieser Ver-

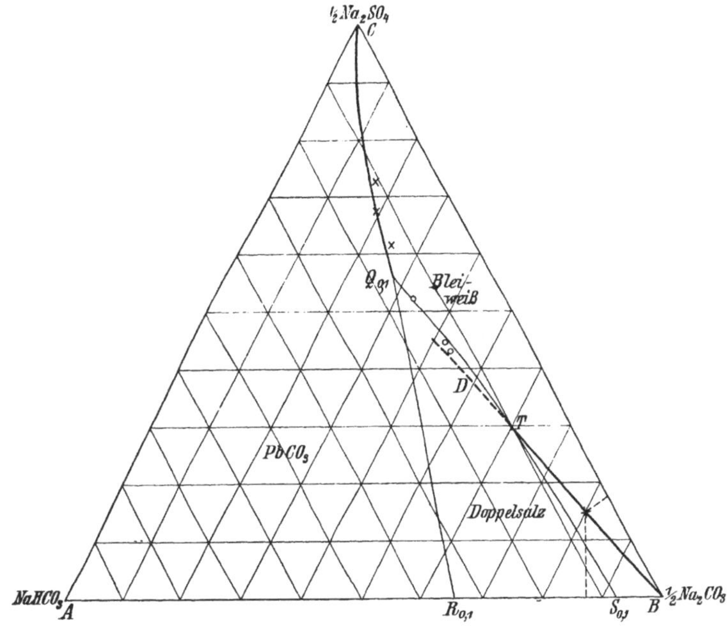

Fig. 16.
Umsetzung von $PbSO_4$ mit 0,1 n Na_2CO_3-Lösung.
18°.
Die Punkte o liegen unterhalb der Zeichenebene und sind auf diese projiziert.

suche die Existenz des Doppelsalzes und damit die Möglichkeit einer Abnahme des Na-Gehaltes in der Lösung noch nicht bekannt war — nur in einem Falle unmittelbar durch Analyse bestimmt und sonst nur aus den angewandten Bleisulfatmengen berechnet. Letzteres Verfahren ist nicht sehr genau, da es vollständigen Umsatz des Bleisulfats voraussetzt, während gelegentlich kleine, nicht umgesetzte Mengen von $PbSO_4$ von dem neuen Bodenkörper umhüllt zurückbleiben können; der wahre Natriumgehalt ist daher vielleicht in einigen Fällen noch etwas kleiner als angegeben, gleichzeitig würden die Punkte noch etwas mehr nach links von der Kurve TQ zu liegen kommen. Immerhin ist ein geringes Absinken der Natriumkonzentration nach den obigen Versuchen kaum zweifelhaft.

Steigert man durch weiteren Bleisulfatzusatz den SO_4-Gehalt der Lösung noch mehr, so wird bei der Entstehung von Bleiweiß und Doppelsalz ein etwas unterhalb von 0,1 n Na liegender Punkt der 5-Phasenlinie erreicht; da aber das überschüssige Bleisulfat in dieser Lösung nicht existenzfähig ist, so geht die Reaktion weiter, indem nunmehr auch neutrales Bleicarbonat entsteht. Die Konzentration der Lösung bewegt sich also längs der 5-Phasenlinie, und zwar, da jede Bleisulfatumsetzung mit einer Vermehrung der Sulfatkonzentration in der Lösung verbunden ist, in der Richtung steigender Sulfatkonzentration, d. i., wie das Raum-Diagramm zeigt, nach oben, also unter Vermehrung des Na-Gehaltes. Dies bedeutet, daß das vorher entstandene Na-Doppelsalz sich wieder zersetzt. Sobald dies vollständig geschehen ist, befindet sich das System wieder in der Ebene 0,1 n Na an dem entsprechenden 5-Phasenpunkt $Q_{0,1}$. Wenn auch jetzt noch überschüssiges $PbSO_4$ vorhanden ist, das sich unter Vermehrung der SO_4-Konzentration umsetzt, so verläuft die Reaktion von nun an unter Bildung von neutralem Bleicarbonat längs der Gleichgewichtslinie $Q_{0,1}C$, wie dies die Versuche 53 bis 55 bestätigen. Dabei muß, wie man sich leicht vergegenwärtigen kann, außer dem eingebrachten Bleisulfat auch das vorher gebildete basische Bleicarbonat allmählich in neutrales Bleicarbonat übergeführt werden; es spielen sich also die beiden Reaktionen

$$PbSO_4 + Na_2CO_3 \qquad\qquad \rightarrow PbCO_3 + Na_2SO_4$$
$$2\,PbCO_3 \cdot Pb(OH)_2 + 2NaHCO_3 \rightarrow 3Pb CO_3 + Na_2CO_3 + 2H_2O$$

nebeneinander ab, und zwar derart gekoppelt, daß nur Punkte der Gleichgewichtslinie $Q_{0,1}C$ durchlaufen werden. So führt die Reaktion schließlich bis in die Sulfatecke des Diagramms und macht bei Anwendung eines Überschusses von Bleisulfat erst bei einem ganz geringen, eben noch titrimetrisch erkennbaren Hydrocarbonatgehalt der Lösung halt. Da somit nahezu die gesamte ursprünglich vorhandene Menge von Na_2CO_3 in Na_2SO_4 übergeführt ist, so muß der Bodenkörper, abgesehen von überschüssigem $PbSO_4$, fast vollständig aus neutralem Bleicarbonat bestehen; es hat infolgedessen den Anschein, als ob die einfache Reaktion

$$PbSO_4 + Na_2CO_3 \rightarrow Pb CO_3 + Na_2SO_4$$

vor sich gegangen wäre, während in Wahrheit zunächst basisches Bleicarbonat und Natriumdoppelsalz entstanden sind, die erst mit weiterem Bleisulfat zu neutralem Bleicarbonat sich umgesetzt haben.

Die Deutung des schließlich erreichten Gleichgewichtspunktes wird erleichtert, wenn wir vorher die Reaktion zwischen Bleisulfat und Hydrocarbonatlösungen betrachten.

Die Umsetzung von Bleisulfat mit Natriumhydrocarbonatlösung.

Schüttelt man Bleisulfat mit überschüssiger 0,1 n $NaHCO_3$-Lösung, so bildet sich unter Entwicklung von Kohlendioxyd neutrales Bleicarbonat. Der umgewandelte Bodenkörper löst sich, abfiltriert und ausgewaschen, glatt in verdünnter Salpetersäure und gibt mit Ba-Ion keine Sulfatreaktion mehr. Eine bei $70\,^{\circ}$ getrocknete Probe hinterließ beim gelinden Glühen im Porzellantiegel 83,4 $\%$ PbO, während sich für PbCO$_3$ 83,53 $\%$ berechnen. Die sich abspielende Reaktion ist also

$$PbSO_4 + 2\,NaHCO_3 \rightarrow PbCO_3 + CO_2 + Na_2SO_4.$$

Die weitere Untersuchung zeigte, daß diese Reaktion unter passend gewählten Umständen nicht vollständig verläuft, sondern zu einem analytisch faßbaren und reversiblen Gleichgewicht führt, mit der Konstante

$$K_5 = \frac{[CO_2] \cdot [SO_4'']}{[HCO_3']^2},$$

wenn man nämlich Sorge trägt, daß die entstehende Kohlensäure unter nicht allzu geringem Druck im Reaktionsraume verbleibt.

Die Versuche zur Bestimmung des Gleichgewichtes wurden folgendermaßen angestellt. Eine bekannte Menge von 0,1 n NaHCO$_3$-Lösung wurde in einem druckfest verschlossenen Gefäße von genau bekanntem Rauminhalt mit überschüssigem Bleisulfat geschüttelt. Nach Öffnen des Gefäßes wurde in der Lösung der verbliebene HCO$_3$-Gehalt durch Titration mit 0,1 n HCl und Methylorange bestimmt, der Sulfatgehalt entweder durch Fällung mit BaCl$_2$ gewichtsanalytisch ermittelt oder aus der Abnahme des HCO$_3$-Gehaltes berechnet; die entbundene Menge CO$_2$ ist aus der Sulfatkonzentration und dem Volum der Lösung herzuleiten. Die Konzentration von CO$_2$ in der Lösung und im Gasraum berechnet sich dann aus dem bekannten Volumverhältnis von Gasraum und Flüssigkeit und dem Absorptionskoeffizienten der Kohlensäure

$$C_{Wasser}/C_{Gas} = 0,928 \text{ bei } 18^{\circ}.$$

Ein zweiter Weg zur Ermittelung des Gleichgewichtes bestand in der Verfolgung der inversen Reaktion, der fortgesetzten Einwirkung von CO$_2$ von 1 Atm. Druck auf 0,1 n $^1/_2$ Na$_2$SO$_4$-Lösung bei Gegenwart von Bleicarbonat, wobei kleine Mengen von festem Bleisulfat entstehen.

Im folgenden sind die Einzelheiten dieser Versuche kurz zusammengestellt.

Vorversuch. 75 ccm 0,0995 n NaHCO$_3$-Lösung wurden in einem zugeschmolzenen Rohr vom Gesamtvolumen 105 ccm mit 5 g PbSO$_4$ einen Tag lang bei 18° geschüttelt.

20 ccm der Gleichgewichtslösung verbrauchten 1,08 ccm 0,1 n HCl bis zum Methylorange-Umschlag (korr. für den Einfluß des anwesenden Natriumsulfats). Somit ist

$$(NaHCO_3) = 0,0054 \text{ Mol/l} \quad \text{und}$$
$$(Na_2SO_4) = {}^1/_2\,(0,0995 - 0,0054) = 0,0471 \text{ Mol/l};$$

die gesamte entwickelte CO$_2$-Menge ist

$$0,0471 \cdot 75 = 3,53 \text{ Millimol},$$

die sich auf Lösung und Gasraum im Verhältnis

$$[CO_2]_{Lsg.} : [CO_2]_{Gas} = 0,928$$

verteilen. Daraus folgt

$$[CO_2]_{Lsg.} = 0,0329 \text{ Mol/l};$$

somit unter Außerachtlassung der unvollständigen Ionisation

$$K_5' = \frac{[CO_2] \cdot (Na_2SO_4)}{(NaHCO_3)^2} = 53.$$

Da die Reaktion, wenn auch langsam, so doch unmittelbar nach Berührung der Lösung mit dem Bleisulfat, also noch vor dem Verschluß des Rohres, einsetzte, ein Verlust an Kohlendioxyd aber bei der gewählten Berechnungsweise durchaus vermieden werden mußte, so wurde bei den folgenden Versuchen das Bleisulfat in einem zugeschmolzenen Röhrchen in das Reaktionsgefäß eingeführt und erst nach Verschluß des letzteren durch Schütteln und Zertrümmern des Röhrchens mit der Lösung vermengt. Bei den nur mäßigen Drucken, die bei diesen Versuchen auftraten, konnten Soxhlet-Milch-flaschen mit Patentverschluß als Reaktionsgefäße dienen. Um ein Entweichen von Kohlendioxyd besonders peinlich auszuschließen, wurden die Flaschen folgendermaßen verschlossen: Nachdem ein bekanntes Volumen Hydrocarbonatlösung und das Glasröhrchen mit dem Bleisulfat in die Flasche eingebracht worden waren, wurde in den Hals der Flasche ein paraffiniertes Korkscheibchen, möglichst gut passend, einige Zentimeter tief eingesetzt, der Raum des Halses über dem Plättchen mit geschmolzenem Paraffin ausgegossen und, während dieses erstarrte, der Patentverschluß geschlossen. So war der Gummidichtung der Flasche noch ein dichter Paraffinpfropf vorgelagert. Wurde der Verschluß bei innerem Überdruck von etwa 1 Atm. geöffnet, so blieb der Paraffinpfropf zunächst noch fest im Flaschenhalse stecken, flog aber dann mitunter nach einigen Sekunden mit Knall heraus.

Bei der Berechnung des Gasraum-Volumens wurde auf das Volumen des Paraffinverschlusses, des eingeführten Glasröhrchens und des Bleisulfats Rücksicht genommen. Bei der gewählten Berechnungsweise machen sich die Fehler der Volumenbestimmungen um so weniger geltend, je vollständiger das Gefäß mit Lösung gefüllt wird. Dementsprechend wurde im allgemeinen mit kleinem Gasraum gearbeitet und nur in einem Falle, um die Versuchsbedingungen zu variieren, eine geringere Lösungsmenge angewandt.

Die Flaschen wurden 1 oder 2 Tage lang im Thermostaten bei 18^0 geschüttelt. Eintägige Versuchsdauer erwies sich zur Erreichung des Gleichgewichts als ausreichend.

    1. Versuch. Die Flasche wurde möglichst mit Flüssigkeit angefüllt.
        Lösung: 270 ccm 0,1 n $NaHCO_3$.
        Gasraum: 6 ccm.
        $PbSO_4$: 10 g.
      Im Gleichgewicht:
        $(NaHCO_3) = 0{,}0061$ Mol/l.
        $(Na_2SO_4) = 0{,}04614$ Mol/l (gewichtsanalytisch).
      Demnach in der Lösung
        $[CO_2] = 0{,}0451$ Mol/l; also

$$K_5' = \frac{[CO_2]\cdot(Na_2SO_4)}{(NaHCO_3)^2} = 56.$$

    2. Versuch.
        Lösung: 270 ccm 0,1 n $NaHCO_3$.
        Gasraum: 11 ccm.
        $PbSO_4$: 10 g.
      Im Gleichgewicht:
        $(NaHCO_3) = 0{,}0061$ Mol/l.
        $(Na_2SO_4) = 0{,}0468$ Mol/l (gewichtsanalytisch).
      Demnach in der Lösung
        $[CO_2] = 0{,}04486$ Mol/l; also

$$K_5' = \frac{[CO_2]\cdot(Na_2SO_4)}{(NaHCO_3)^2} = 56{,}5.$$

    3. Versuch. Wenig Lösung in der Flasche, großer Gasraum.
        Lösung: 100 ccm 0,1 n $NaHCO_3$.
        Gasraum: 176 ccm.
        $PbSO_4$: 10 g.

Im Gleichgewicht:

$(NaHCO_3) = 0,0036$ Mol/l.

$(Na_2SO_4) = 0,0476$ Mol/l (gewichtsanalytisch).

Demnach in der Lösung

$[CO_2] = 0,0164$ Mol/l; also

$$K_5' = \frac{[CO_2] \cdot (Na_2SO_4)}{(NaHCO_3)^2} = 60.$$

Bei den Gleichgewichtsversuchen von der Gegenseite

$$PbCO_3 + Na_2SO_4 + CO_2 + H_2O \rightarrow PbSO_4 + 2\,NaHCO_3$$

wurde $PbCO_3$ in genau 0,1 n $^1/_2$ Na_2SO_4-Lösung suspendiert und das Gemisch durch einen langsam hindurchgeleiteten CO_2-Strom in Rührung erhalten. Die Lösung befand sich im Thermostaten bei 18°. Das Kohlendioxyd wurde einer Bombe entnommen, in Waschflaschen mit Wasser gereinigt und — um den Partialdruck von CO_2 möglichst genau zu definieren — vor Eintritt in das Reaktionsgefäß noch durch 0,1 n $^1/_2$ Na_2SO_4-Lösung geleitet.

In einem 2 Tage während en Versuche wurde am Schluß beobachtet:

$(NaHCO_3) = 0,0055$ Mol/l, demnach

$(Na_2SO_4) = 0,04725$ Mol/l.

Barometerstand: 755 mm.

Wasserdampfspannung bei 18° 15 mm,

somit p_{CO_2}: 740 mm

und in der Lösung

$$[CO_2] = \frac{740 \cdot 0,928}{760 \cdot 0,0821 \cdot 291} = 0,0378 \text{ Mol/l.}$$

Danach ist

$$K_5' = \frac{[CO_2] \cdot (Na_2SO_4)}{(NaHCO_3)^2} = 59.$$

Bei einem weiteren, 3 Tage hindurch fortgesetzten Versuche wurde genau das gleiche Ergebnis erhalten.

In der folgenden Tabelle sind die Ergebnisse der beschriebenen Versuche und die zugehörigen CO_2-Drucke, wie sie sich aus den CO_2-Konzentrationen in der Lösung berechnen, zusammengestellt.

Tabelle 12. Gleichgewicht von Bleicarbonat und Bleisulfat mit Lösungen von Natriumhydrocarbonat und Natriumsulfat. Gesamt-Na $= 0,1$ n.

Versuch	Im Gleichgewicht			$K_5' = \dfrac{[CO_2]\,(Na_2SO_4)}{(NaHCO_3)^2}$
	Proz. des Gesamt-Na als		p_{CO_2}	
	Sulfat	Hydrocarbonat	Atm.	
1	93,8	6,2	1,16	56
2	93,9	6,1	1,16	56,5
3	96,4	3,6	0,423	60
1. Gegenvers.	94,5	5,5	0,974	59
2. Gegenvers.	94,5	5,5	0,974	59
				Mittel: $K_5' = 58$

Der wahre Wert von K_5 (mit Berücksichtigung der unvollständigen Ionisation) ist auf Grund derselben Überlegungen, die oben (S. 22) für K_1 angestellt wurden, etwas kleiner anzunehmen.

Die Umsetzung von Bleisulfat mit Natriumhydrocarbonatlösung zu $PbCO_3$, Na_2SO_4-Lösung und CO_2 ist nach diesen Messungen eine sehr weitgehende, während umgekehrt Kohlensäure von Atmosphärendruck Bleicarbonat, das in Natriumsulfat-lösung aufgeschwemmt ist, nur in geringem Maße in Bleisulfat überführt. Würde man aber den Kohlensäuredruck beträchtlich erhöhen, so müßte diese letztere Reaktion begünstigt werden, denn bei hohem $[CO_2]$ muß zur Aufrechterhaltung des Wertes der Gleichgewichtskonstante $[SO_4'']$ im Verhältnis zu $[HCO_3']$ entsprechend kleiner werden. Aus dem Wert der Konstante läßt sich berechnen, bei welchem Verhältnis von Sulfat zu Hydrocarbonat in der Lösung die Reaktion unter verschiedenen CO_2-Drucken zum Stillstand kommt. In der folgenden Tabelle 13 ist dies veranschaulicht.

Tabelle 13. Grad der Umsetzung von Bleisulfat mit 0,1 n $NaHCO_3$-Lösung unter verschiedenen CO_2-Drucken bei 18°.

CO₂-Druck in Atm.	Im Gleichgewicht	
	Proz. des Gesamt-Na als	
	Sulfat	Hydrocarbonat
50	67	33
10	83	17
1	94	6
0,1	98	2
0,01	99,4	0,6

Das Gleichgewicht zwischen Bleisulfat, Bleicarbonat und basischem Bleicarbonat.

Nachdem durch die eben angeführten Versuche eine Gleichgewichtsbeziehung zwischen Bleisulfat und Bleicarbonat aufgefunden war, gelang es auch, die Endpunkte der Einwirkung von überschüssigem Bleisulfat auf Natriumcarbonatlösungen zu deuten. Wie bereits W. Herz[1]) gefunden hat und wie wir in zahlreichen Versuchen be-stätigen konnten, verläuft die Umsetzung von Sodalösung mit überschüssigem Blei-sulfat zu Natriumsulfatlösung und Bleicarbonat zwar nahezu vollständig, jedoch bleibt im Gleichgewicht stets noch ein kleiner, aber deutlich feststellbarer Gehalt an titrier-barem Alkali bestehen, der nur gegenüber Methylorange als Indikator zur Geltung kommt, also in Form von Hydrocarbonat vorhanden sein muß. Wie ebenfalls schon Herz bemerkt, erfolgt der Methylorange-Umschlag in diesen Lösungen ziemlich un-scharf. Auch wir machten diese Wahrnehmung, konnten aber außerdem, wie schon S. 28 erwähnt, noch feststellen, daß die Gegenwart des Natriumsulfats eine Korrektur für den Umschlagspunkt verlangt, die gerade im vorliegenden Falle, d. i. bei Anwesenheit von viel Sulfat neben sehr wenig Hydrocarbonat, prozentisch

---

[1]) W. Herz, Ztschr. f. anorgan. Chem. 72, 106 (1911).

ungemein stark ins Gewicht fällt. Das Sulfat verschiebt — wohl durch „Salzwirkung" — die Farbe des Methylorange ein wenig nach gelb. So verbrauchten z. B. 50 ccm einer Lösung, die durch die Umsetzung von überschüssigem Bleisulfat mit 0,1 n $^1/_2$ Na$_2$CO$_3$ bei 18^0 entstanden war,

$$0,50 \text{ ccm } 0,1 \text{ n HCl}$$

bis zum Methylorange-Umschlag, die gleiche Menge einer reinen 0,1 n $^1/_2$ Na$_2$SO$_4$-Lösung

$$0,20 \text{ ccm } 0,1 \text{ n HCl,}$$

während das zu ihrer Herstellung verwandte ausgekochte destillierte Wasser 'schon nach 0,02 ccm HCl umschlug. Demnach ist der Hydrocarbonatgehalt der obigen Gleichgewichtslösung nur

$$\frac{(0,5-0,2) \cdot 0,1 \cdot 1000}{50} = 0,6 \text{ Millimol HCO}_3 \text{ in 1 l.}$$

Dieser Gleichgewichtsversuch wurde sehr oft mit verschieden großem Überschuß an PbSO$_4$ und zu verschiedenen Zeiten wiederholt, führte aber stets zu dem gleichen Ergebnis. Wenn die Genauigkeit des Versuches auch keine sehr große ist, so läßt sich doch leicht zeigen, daß seine theoretische Deutung zu einem scheinbaren Widerspruch führt.

Wie S. 152 erörtert wurde, bewegt sich die Reaktion zwischen PbSO$_4$ und Natriumcarbonatlösung, nachdem die 5-Phasenlinie erst wieder verlassen worden ist, bei konstantem Natriumgehalt längs der Gleichgewichtskurve Basisch $\rightleftarrows$ Neutral Q$_{0,1}$C (Fig. 16). Dabei entstehen immer neue Mengen von neutralem Bleicarbonat, während das basische Bleicarbonat und dementsprechend auch das Hydrocarbonat in der Lösung aufgezehrt werden. Da, wie wir sahen, im Endpunkt der Reaktion noch ein kleiner Hydrocarbonatgehalt in der Lösung verbleibt, so muß der Bodenkörper auch am Schluß noch etwas basisches Bleicarbonat enthalten, m. a. W. der Endpunkt der Reaktion sollte ein Punkt der Gleichgewichtslinie Q$_{0,1}$C sein und der Bedingung

$$\frac{[\text{CO}_3'']}{[\text{HCO}_3']^2} = K_1$$

genügen. Wie wir S. 135 zeigten, ist diese Bedingung identisch mit

$$[\text{CO}_2] = \frac{k_2}{k_1} \cdot \frac{1}{K_1},$$

wo k$_1$ und k$_2$ die Ionisationskonstanten der Kohlensäure bedeuten, oder

$$p_{\text{CO}_2} = 1,6 \cdot 10^{-4} \text{ Atm.}$$

Der Endpunkt der Reaktion muß aber wegen der Anwesenheit von überschüssigem Bleisulfat noch einer zweiten Bedingung genügen, nämlich der im vorigen Abschnitt hergeleiteten Beziehung für das Gleichgewicht zwischen Bleisulfat und Bleicarbonat. Ersetzen wir in der Gleichung

$$\frac{[\text{CO}_2] \cdot (\text{Na}_2\text{SO}_4)}{(\text{NaHCO}_3)^2} = 58$$

die Konzentration von CO$_2$ in der Lösung durch ihren Druck nach

$$p_{\text{CO}_2} = RT \cdot c_{\text{CO}_2 \text{ gas}} = \frac{0,0821 \cdot 291}{0,928} [\text{CO}_2] = 25,8 \cdot [\text{CO}_2],$$

so folgt

$$p_{CO_2} \frac{(Na_2SO_4)}{(NaHCO_3)^2} = 58 \cdot 25,8 = 1,49 \cdot 10^3$$

$$p_{CO_2} = 1,49 \cdot 10^3 \frac{(NaHCO_3)^2}{(Na_2SO_4)},$$

und es wird für die beobachteten Konzentrationen

$$(Na_2SO_4) = 0,05 \text{ Mol/l}$$

$$(NaHCO_3) = 0,0006 \text{ Mol/l}$$

$$p_{CO_2} = \frac{1,49 \cdot 10^3 \cdot (0,6)^2 \cdot 10^{-6}}{0,05} \text{ Atm.}$$

$$= 1,1 \cdot 10^{-2} \text{ Atm.,}$$

d. i. ein etwa 70mal so großer CO_2-Druck, als ihn die Bedingung für das Gleichgewicht Basisch $\rightleftarrows$ Neutral vorschreibt.

Es sind also in Wirklichkeit die beiden Gleichgewichtsbedingungen für die gleichzeitige Anwesenheit von neutralem und basischem Bleicarbonat einerseits, von Bleisulfat und Bleicarbonat andererseits nicht gleichzeitig erfüllt, d. h. es können nicht alle diese Bodenkörper zugegen sein. Da an der Anwesenheit großer Mengen von Bleisulfat und Bleicarbonat als Bodenkörper nicht zu zweifeln war und die Hinzufügung weiterer Mengen dieser Salze überdies nichts änderte, ist der obige Widerspruch nur damit zu erklären, daß das basische Bleicarbonat am Schlusse der Versuche aufgebraucht oder wenigstens nicht mehr als selbständiger Bodenkörper zugegen war[1]). Diese Vermutung konnte bestätigt werden. Gab man nämlich beim Ansetzen der Versuche außer überschüssigem Bleisulfat noch eine kleine Menge von anderweitig hergestelltem Bleiweiß hinzu oder pipettierte man einige Zeit nach Beginn des Schüttelns etwas Lösung aus der Versuchsflasche heraus, so daß das im Anfang entstandene basische Bleicarbonat im Verlaufe der weiteren Einwirkung des Bleisulfats nicht wieder so weitgehend aufgezehrt werden konnte, wie wenn alles im Anfang entstandene Hydrocarbonat im System verblieb, dann wurde der Endpunkt der Reaktion ein anderer: die im Gleichgewichte verbleibende Hydrocarbonatmenge wurde dann noch kleiner und stand nunmehr — soweit bei der Kleinheit der in Betracht kommenden Konzentrationen quantitative Schätzungen noch möglich waren — in vollkommenem Einklang mit der Theorie. Während vorher der Methylorange-Titer von 50 ccm einer mit überschüssigem $PbSO_4$ geschüttelten 0,1 n $^1/_2$ Na_2CO_3-Lösung im Endpunkte der Reaktion

$$0,50 \text{ ccm } 0,1 \text{ n HCl}$$

oder korr. für den Einfluß des Sulfats auf den Umschlag   0,30 „   0,1 n   „

entsprechend   . . . .   0,6 Millimol $NaHCO_3$/l

war, beobachtete man bei Gegenwart von etwas basischem Bleicarbonat im Endpunkte der Reaktion einen Verbrauch von

---

[1]) Man kann vielleicht annehmen, daß die kleine Menge des basischen Bleicarbonates von der großen Menge des neutralen Bleicarbonates adsorbiert wird oder dergl. Einen etwaigen neuen Bodenkörper in diesem Endpunkte der Reaktion konnten wir nicht finden, obwohl durch das mehrfach beobachtete Auftreten von weißen, einige Millimeter langen Stäbchen im Gemisch der festen Salze unsere Aufmerksamkeit auch auf diese Möglichkeit gelenkt wurde.

0,25 bis 0,30 ccm 0,1 n HCl,

im Mittel von 8 Versuchen . . . . . 0,27 „　　　„

oder korrigiert . . . . 0,07 „　　　„

entsprechend . . . . 0,14 Millimol $NaHCO_3/l$.

Dieser Wert war verhältnismäßig sehr gut reproduzierbar, gleichgültig, ob man das überschüssige basische Bleicarbonat in großer oder kleiner Menge, zu Anfang oder erst nach Stillstand der Reaktion bei dem früheren Endpunkte zugab oder in der oben angegebenen Weise durch die Reaktion selbst erzeugte, und konnte auch umgekehrt beim Schütteln von 0,1 n Natriumsulfatlösung mit Bleisulfat, Bleicarbonat und basischem Bleicarbonat erhalten werden. Natürlich ist der schließlich erhaltene Wert von 0,07 ccm entsprechend 0,14 Millimol $NaHCO_3/l$ als kleine Differenz größerer Zahlen sehr wenig genau; man wird die Unsicherheit vielleicht auf $\pm$ 0,05 ccm entsprechend $\pm$ 0,1 Millimol/l schätzen dürfen, da bereits die Titerkorrektur infolge der Unschärfe des Methylorange-Umschlages ziemlich ungenau ist. Man kann mithin für den Hydrocarbonatgehalt der Lösung im Endpunkte der Reaktion nunmehr setzen:

$$[NaHCO_3] = 0{,}14 \pm 0{,}1 \text{ Millimol/l} = 0{,}14 \pm 0{,}1 \, \%/_0 \text{ des Gesamt-Na.}$$

Es werden also in 0,1 n Lösung durch $PbSO_4$ rund 99,9 % des Natriumcarbonates in Natriumsulfat übergeführt.

Dieses Ergebnis steht mit den früheren Gleichgewichtsbestimmungen nicht mehr in Widerspruch. Die Gleichung für p_{CO_2} auf voriger Seite erfordert für den durch die gleichzeitige Anwesenheit von $PbCO_3$ und Bleiweiß bedingten Wert von p_{CO_2} $(1{,}6 \cdot 10^{-4}$ Atm.) die noch vollständig innerhalb der Titrationsgenauigkeit liegende Konzentration $[NaHCO_3] = 0{,}07$ Millimol/l.

Wie aus der Formel folgt, werden bei höherem Gesamt-Na-Gehalt die im Gleichgewicht zurückbleibenden Hydrocarbonatmengen verhältnismäßig noch kleiner. Ein orientierender Versuch mit 0,5 n $^1/_2$ Na_2CO_3-Lösung, $PbSO_4$ und etwas basischem Bleicarbonat ergab als Endpunkt der Einwirkung den Titer

0,60 ccm 0,1 n HCl auf 50 ccm

korr. 　0,30 „　0,1 „　„ 50 „

entsprechend 0,6 Millimol $NaHCO_3/l$, d. i. 0,12 % des Gesamt-Na.

Die Punkte, an denen Bleisulfat, Bleicarbonat und Bleiweiß nebeneinander beständig sind, bilden in ihrer Gesamtheit eine neue 5-Phasenlinie, analog der früher beschriebenen. Diese neue Linie findet aber in dem zur Darstellung der Gleichgewichtslösungen benutzten Raumdiagramm keinen Platz. Denn die Lösungen, die mit den genannten drei Bleisalzen im Gleichgewicht stehen, sind nicht mehr als Mischungen von Na_2CO_3, $NaHCO_3$ und Na_2SO_4 aufzufassen, auf deren Darstellung sich die Dreiecksdiagramme beziehen, sondern enthalten einen — wenn auch sehr geringen — Überschuß an Kohlensäure, so daß sie Mischungen von CO_2, $NaHCO_3$ und Na_2SO_4 sind. Wollte man aber von diesem Kohlensäuregehalt absehen, so würde die neue 5-Phasenlinie in die Ebene Na_2SO_4-$NaHCO_3$ fallen, und zwar wegen des außerordentlich geringen $NaHCO_3$-Gehaltes in nächste Nähe der Na_2SO_4-Achse.

Löslichkeitsprodukte der Bleicarbonate.

Die in den früheren Abschnitten berechneten Werte für die Konstanten K_1, K_2 K_3 und K_5 gestatten eine Reihe von Beziehungen herzuleiten, die zwischen den Löslichkeitsprodukten der verschiedenen, an den Gleichgewichten beteiligten Bleisalze gelten.

Bei der Umsetzung des basischen Bleicarbonates in neutrales Carbonat gemäß

$$2\,PbCO_3 \cdot Pb(OH)_2 + 2\,HCO_3' \rightleftarrows 3\,PbCO_3 + CO_3'' + 2\,H_2O$$

lieferte das Massenwirkungsgesetz für die Konzentration der Lösungen nach erreichtem Gleichgewicht die Beziehung

$$\frac{[CO_3'']}{[HCO_3']^2} = K_1.$$

Diese Lösungen sind sowohl an basischem wie an neutralem Bleicarbonat gesättigt, es muß daher nach bekannten Prinzipien für jedes dieser Salze das Produkt aus den Konzentrationen seiner Ionen einen konstanten, nur von der Temperatur abhängigen Wert, den des betreffenden Löslichkeitsproduktes, haben. Es ist also in obigen Gleichgewichtslösungen

$$[Pb''] \cdot [CO_3''] = L_{PbCO_3}$$
$$[Pb'']^3 \cdot [CO_3'']^2 \cdot [OH']^2 = L_{Bleiweiß}.$$

Für $[OH']$ folgt aus der Gleichung für die zweite Stufe der Kohlensäuredissoziation

$$[H'] \cdot [CO_3''] = k_2\,[HCO_3']$$

und aus dem Ionengleichgewicht des Wassers

$$[H'] \cdot [OH'] = k_w$$
$$[OH'] = \frac{k_w}{k_2} \cdot \frac{[CO_3'']}{[HCO_3']}.$$

Führt man dies in obige Gleichung für $L_{Bleiweiß}$ ein, so folgt

$$\frac{[Pb'']^3 \cdot [CO_3'']^4}{[HCO_3']^2} = \frac{k_2^2}{k_w^2} \cdot L_{Bleiweiß}.$$

Hebt man ferner die Gleichung für L_{PbCO_3} in die dritte Potenz und dividiert in die letzte Gleichung, so ergibt sich:

$$\frac{[CO_3'']}{[HCO_3']^2} = \frac{k_2^2}{k_w^2} \cdot \frac{L_{Bleiweiß}}{L^3_{PbCO_3}}$$

und durch Vergleich mit der obigen Gleichung für K_1:

$$K_1 = \frac{k_2^2}{k_w^2} \cdot \frac{L_{Bleiweiß}}{L^3_{PbCO_3}}.$$

Diese Gleichung stellt also eine Beziehung her zwischen den individuellen Löslichkeitskonstanten der beiden einzelnen Bleicarbonate und ihren gegenseitigen Umsetzungsverhältnissen bei Berührung mit Lösungen kohlensaurer Alkalien.

Entsprechende Überlegungen für das Gleichgewicht zwischen neutralem Bleicarbonat und dem basischen Natriumbleicarbonat

$$2\,PbCO_3 + Na' + CO_3'' + H_2O \rightleftarrows NaPb_2\,(CO_3)_2OH + HCO_3'$$

führen zu den Bedingungen

$$[Pb''] \cdot [CO_3''] = L_{PbCO_3}$$
$$[Pb'']^2 \cdot [Na'] \cdot [CO_3'']^2 \cdot [OH'] = L_{Doppels.}$$

Quadriert man die erste Gleichung und dividiert durch die zweite, so folgt

$$\frac{1}{[\mathrm{Na^{\cdot}}] \cdot [\mathrm{OH'}]} = \frac{L^2_{\mathrm{Pb\,CO_3}}}{L_{\mathrm{Doppels.}}}$$

und nach Einsetzung des obigen Wertes für [OH']

$$\frac{[\mathrm{HCO_3'}]}{[\mathrm{Na^{\cdot}}] \cdot [\mathrm{CO_3''}]} = \frac{k_w}{k_2} \cdot \frac{L^2_{\mathrm{Pb\,CO_3}}}{L_{\mathrm{Doppels.}}}$$

Die früher auf Grund des Massenwirkungsgesetzes hergeleitete Beziehung lautete

$$\frac{[\mathrm{HCO_3'}]}{[\mathrm{Na^{\cdot}}] \cdot [\mathrm{CO_3''}]} = K_2,$$

somit wird

$$K_2 = \frac{k_w}{k_2} \cdot \frac{L^2_{\mathrm{Pb\,CO_3}}}{L_{\mathrm{Doppels.}}}$$

Eine ähnliche Beziehung würde aus dem Gleichgewicht Basisch $\rightleftarrows$ Doppelsalz für K_3 herzuleiten sein; doch kann diese wegen der Abhängigkeit, in der K_1, K_2 und K_3 voneinander stehen, prinzipiell nichts Neues ergeben.

Dagegen läßt sich zeigen, daß die Konstante K_5 für das Gleichgewicht zwischen Bleicarbonat und Bleisulfat Beziehungen zu der Löslichkeit des letzteren Salzes liefert. Für dieses Gleichgewicht gelten die Bedingungen

$$[\mathrm{Pb^{\cdot\cdot}}] \cdot [\mathrm{SO_4''}] = L_{\mathrm{Pb\,SO_4}}$$
$$[\mathrm{Pb^{\cdot\cdot}}] \cdot [\mathrm{CO_3''}] = L_{\mathrm{Pb\,CO_3}} \,;$$

durch Division folgt

$$\frac{[\mathrm{SO_4''}]}{[\mathrm{CO_3''}]} = \frac{L_{\mathrm{Pb\,SO_4}}}{L_{\mathrm{Pb\,CO_3}}}.$$

Ersetzt man die (in diesem Gleichgewicht unmeßbar kleine) Konzentration der $\mathrm{CO_3''}$-Ionen, den beiden Ionisationsgleichgewichten der Kohlensäure entsprechend, durch

$$[\mathrm{CO_3''}] = \frac{k_2}{k_1} \cdot \frac{[\mathrm{HCO_3'}]^2}{[\mathrm{CO_2}]},$$

so folgt

$$\frac{[\mathrm{SO_4''}] \cdot [\mathrm{CO_2}]}{[\mathrm{HCO_3'}]^2} = \frac{k_2}{k_1} \cdot \frac{L_{\mathrm{Pb\,SO_4}}}{L_{\mathrm{Pb\,CO_3}}}.$$

Durch Vergleich mit

$$K_5 = \frac{[\mathrm{SO_4''}] \cdot [\mathrm{CO_2}]}{[\mathrm{HCO_3'}]^2}$$

ergibt sich schließlich

$$K_5 = \frac{k_2}{k_1} \cdot \frac{L_{\mathrm{Pb\,SO_4}}}{L_{\mathrm{Pb\,CO_3}}}.$$

Die drei soeben hergeleiteten Beziehungen für K_1, K_2 und K_5 geben die Möglichkeit, die Löslichkeitsprodukte aller bei unsern Gleichgewichtsuntersuchungen auftretenden Salze zu berechnen, wenn eins von ihnen bekannt ist. Nimmt man z. B. dasjenige des löslichsten Salzes, des Bleisulfats, als bekannt an, so ist

$$L_{\mathrm{Pb\,CO_3}} = \frac{k_2}{k_1 \cdot K_5} \cdot L_{\mathrm{Pb\,SO_4}}$$

$$L_{\mathrm{Bleiweiß}} = \frac{K_1 \cdot k_w^2}{k_2^2} \cdot L^3_{\mathrm{Pb\,CO_3}}$$

$$L_{\mathrm{Doppels.}} = \frac{k_w}{K_2 \cdot k_2} \cdot L^2_{\mathrm{Pb\,CO_3}}.$$

Bei der Einsetzung der Zahlenwerte können an Stelle der wahren Konstanten K_1, K_2 und K_5 wieder die angenäherten K_1', K_2' und K_5' benutzt werden, da deren Abweichungen die Größenordnung der Löslichkeitsprodukte nicht beeinflussen.

Das Löslichkeitsprodukt des Bleisulfats ist von Pleißner[1]) nach Versuchen über die Löslichkeit des Salzes in sehr verdünnter Schwefelsäure und in reinem Wasser bei 18° zu $0,6 \cdot 10^{-8}$ und nach Anbringung einer Korrektur zu $1,06 \cdot 10^{-8}$ berechnet worden. Wir setzen rund

$$L_{PbSO_4} = [Pb^{\cdot\cdot}] \cdot [SO_4''] = 1 \cdot 10^{-8}$$

und erhalten damit nach der obigen Gleichung

$$L_{PbCO_3} = \frac{6 \cdot 10^{-11} \cdot 10^{-8}}{3 \cdot 10^{-7} \cdot 58} = 0,33 \cdot 10^{-13}.$$

Pleißner berechnete aus Versuchen über die Löslichkeit von Bleicarbonat in CO_2-haltigem Wasser bei 18° zufällig denselben Wert

$$L_{PbCO_3} = 0,33 \cdot 10^{-13},$$

wobei er aber noch den alten Bodländerschen Wert für die Konstante der zweiten Kohlensäuredissoziation, nämlich $1,3 \cdot 10^{-11}$, benutzte. Setzt man statt dessen den richtigeren[2]) Wert $6 \cdot 10^{-11}$ ein, so ergibt sich das Löslichkeitsprodukt des Bleicarbonats nach den Pleißnerschen Versuchen etwa viermal so groß als früher angenommen, nämlich

$$L_{PbCO_3} = 1,5 \cdot 10^{-13}.$$

Dieser Wert stimmt zwar mit dem unserigen noch in der Größenordnung überein, weicht aber doch von ihm stärker ab, als man nach der Unsicherheit von K_5' erwarten durfte. Die Differenz würde behoben werden, wenn es sich herausstellte, daß der Wert für das Löslichkeitsprodukt des Bleisulfats entsprechend zu niedrig oder derjenige für das Löslichkeitsprodukt von $PbCO_3$ von Pleißner zu hoch berechnet ist. Die erstere Möglichkeit scheidet aus, da für L_{PbSO_4} durch die experimentell gefundene Gesamtlöslichkeit von $PbSO_4$ eine obere Grenze gesetzt ist. Der Wert von L_{PbCO_3} nach Pleißner könnte zu hoch sein, wenn entgegen der Annahme Pleißners ein in Betracht kommender Teil des Bleis in an $PbCO_3$ gesättigten CO_2-Lösungen nicht als $Pb^{\cdot\cdot}$-Ion, sondern als $PbOH^{\cdot}$, $PbHCO_3^{\cdot}$ oder dergl. vorhanden wäre; die rechnerische Behandlung der Pleißnerschen Löslichkeitszahlen unter derartigen Annahmen hat uns aber zu keinem einfachen, mit dem Massenwirkungsgesetz in Einklang stehendem Ergebnis geführt.

Man wird sich also vorläufig damit begnügen müssen, durch die beiden erwähnten Zahlenwerte, $0,33 \cdot 10^{-13}$ und $1,5 \cdot 10^{-13}$, die Größenordnung von L_{PbCO_3} als sichergestellt anzusehen; wir setzen demnach

$$L_{PbCO_3} = [Pb^{\cdot\cdot}] \cdot [CO_3''] = 10^{-13} \quad (\text{bei } 18^0).$$

Hiermit folgt dann aus den obigen Gleichungen

$$L_{Bleiweiß} = [Pb^{\cdot\cdot}]^3 \cdot [CO_3'']^2 \cdot [OH']^2 = 3,5 \cdot 10^{-46} \qquad \text{und}$$

$$L_{Doppels.} = [Pb^{\cdot\cdot}]^2 \cdot [Na^{\cdot}] \cdot [CO_3'']^2 \cdot [OH'] = 1 \cdot 10^{-31}.$$

---

[1]) Pleißner, Arbeiten a. d. Kaiserl. Gesundheitsamte **26**, 425 u. f. (1907).

[2]) Auerbach und Pick, Arb. a. d. Kaiserl. Gesundheitsamte **38**, 273 (1911).

Allgemeine Betrachtungen über das Doppelsalz.

Wie der für das Löslichkeitsprodukt des Natriumbleidoppelsalzes soeben hergeleitete niedrige Wert, noch anschaulicher aber die graphischen Darstellungen seines Existenzfeldes zeigen, kommt dieser Komplexverbindung eine recht hohe Beständigkeit zu. Die Auffindung eines so stabilen Natrium-Blei-Doppelsalzes muß als überraschend bezeichnet werden. Durch gleichgewichtschemische Studien der letzten Jahre ist zwar der Nachweis erbracht worden, daß einige schwerlösliche Salze des Bleis Doppelsalze von unerwartet hoher Beständigkeit zu liefern vermögen, doch handelte es sich dann stets um Kalium-Komplexsalze, während die untersuchten Ammoniumsalze bereits weit instabiler waren, Natriumsalze aber überhaupt nur selten und dann als sehr zersetzliche Stoffe aufgefunden wurden. So zeichnet sich nach Brönsted[1]) das Kaliumbleisulfat, $K_2SO_4 \cdot PbSO_4$, durch besonders hohe Beständigkeit aus, indem es erst in Berührung mit Lösungen, deren K_2SO_4-Gehalt kleiner als 0,0227 n (bei 22°; 0,0112 n bei 0°) ist, unter Abscheidung von Bleisulfat zerfällt. Auch das Kaliumbleichlorid, $2 PbCl_2 \cdot KCl$, ist recht stabil; die mit diesem Salz und festem $PbCl_2$ im Gleichgewicht befindliche Lösung enthält bei 20° 0,013 Äqu. $PbCl_2 + 0,53$ Mol KCl auf 1 kg Wasser[2]). Sowohl beim Sulfat wie beim Chlorid sind auch Ammoniumsalze, nicht aber Natriumsalze bekannt.

Man könnte annehmen, daß diese Verschiedenheiten im Verhalten der angeführten Bleisalze gegen Kalium und Natrium nicht sowohl einer Verschiedenheit im Komplexbildungsvermögen des Bleis mit Kalium und Natrium, als vielmehr Unterschieden in der Löslichkeit der Komplexsalze zuzuschreiben seien, derart, daß die Natriumdoppelsalze zwar in der Lösung bestehen, aber zu löslich sind, um sich isolieren zu lassen. Doch bestehen Anzeichen dafür, daß auch das eigentliche Komplexbildungsvermögen des Bleiions gegenüber dem Natrium ein viel kleineres ist als gegenüber Kalium. So fand W. K. Lewis[3]) an Lösungsgemischen von Bleinitrat und Kaliumnitrat ausgeprägte Merkmale für die Entstehung kaliumhaltiger komplexer Molekel- oder Ionenarten in der Lösung, während sich an entsprechenden Natriumsalzlösungen solche Anzeichen nicht fanden.

Gerade das entgegengesetzte Verhalten zeigen die Bleicarbonate. Für die Entstehung eines Kaliumdoppelsalzes fanden sich in dem von uns untersuchten Konzentrationsgebiete keinerlei Andeutungen, während umgekehrt das Natriumdoppelsalz unter geeigneten Bedingungen bis zu einer Na-Konzentration von 0,077 Mol/l herab stabil erhalten werden konnte.

Es wird schwer sein, für dieses anscheinend regellose Komplexbildungsverhalten des Bleis eine befriedigende Erklärung zu geben. Man kann aber vielleicht vom valenztheoretischen Standpunkte aus die Vermutung aussprechen, daß im vorliegenden Falle gar nicht die das Komplexverhalten eines Elementes bestimmenden Nebenvalenzen, sondern nur seine Hauptvalenzen beansprucht werden. Die große Festigkeit,

---

[1]) Brönsted, Ztschr. f. physik. Chem. 77, 315 (1911).
[2]) Brönsted, Ztschr. f. physik. Chem. 80, 206 (1912).
[3]) W. K. Lewis, Inaug.-Diss. Breslau 1908.

mit der das Wasser im basischen Bleicarbonat, $2\,PbCO_3 \cdot Pb(OH)_2$, gebunden ist, legt die Aufstellung einer kettenartigen Strukturformel nahe:

$$\begin{array}{c}
\qquad\qquad OH \\
Pb \diagdown \\
\qquad\qquad CO_3 \\
Pb \diagdown \\
\qquad\qquad CO_3 \\
Pb \diagdown \\
\qquad\qquad OH.
\end{array}$$

Das Doppelsalz, $NaPb_2(CO_3)_2OH$, würde sich dann einfach von diesem Salze durch Ersatz eines PbOH-Restes durch Na herleiten:

$$\begin{array}{c}
\qquad\qquad Na \\
\qquad\qquad CO_3 \\
Pb \diagdown \\
\qquad\qquad CO_3 \\
Pb \diagdown \\
\qquad\qquad OH.
\end{array}$$

Ein solches Strukturbild, für das sich freilich ein bündiger Nachweis nicht erbringen läßt, würde das Natrium an den Carbonatrest gebunden zeigen und dadurch die Festigkeit der Bindung ganz gut zum Ausdruck bringen, freilich aber noch nicht erklären, warum ein entsprechendes Kaliumsalz nicht aufgefunden wurde. Ob die übrigen Alkalisalze analoge Verbindungen liefern, haben wir nicht untersucht.

Daß das wohlcharakterisierte basische Natriumbleicarbonat bisher nicht beschrieben worden ist, erklärt sich wohl durch seine Zersetzlichkeit in reinem Wasser; es mag häufig vorgekommen sein, daß man bei Bleifällungen mittels Natriumcarbonat das Doppelsalz auf dem Filter gehabt hat, das dann beim Auswaschen in Bleiweiß übergegangen ist.

Zusammenfassung.

Zur Klärung der Frage nach dem Schicksal von Bleifarben im menschlichen Darm wurde in der vorliegenden Arbeit zunächst das Verhalten von Bleicarbonat, basischem Bleicarbonat (Bleiweiß) und Bleisulfat gegenüber den Lösungen kohlensaurer Alkalien untersucht.

Bleicarbonat wird durch Lösungen von Kaliumcarbonat in basisches Bleicarbonat, dieses durch Lösungen von Kaliumhydrocarbonat in neutrales Bleicarbonat übergeführt. Diese beiden entgegengesetzten Reaktionen

$$3\,PbCO_3 + K_2CO_3 + 2\,H_2O \rightleftarrows 2\,PbCO_3 \cdot Pb(OH)_2 + 2\,KHCO_3$$

führen zu einem Gleichgewicht, bei dem beide Bleicarbonate nebeneinander beständig sind. Das Mischungsverhältnis von Kaliumcarbonat und -hydrocarbonat in der Gleichgewichtslösung verschiebt sich mit steigender Gesamt-Alkalikonzentration nach höherem Carbonatgehalt, mit steigender Temperatur nach höherem Hydrocarbonatgehalt.

Gegenüber Natriumcarbonat und -hydrocarbonat verhalten sich die beiden Bleicarbonate genau ebenso, solange die Gesamt-Na-Konzentration 0,077 n nicht übersteigt. Bei höherem Na-Gehalt bildet sich dagegen unter bestimmten Bedingungen ein Doppelsalz, basisches Natriumbleicarbonat von der Zusammensetzung $NaPb_2(CO_3)_2OH$, das mit steigendem Na-Gehalt immer beständiger wird. Seine Bildungs- und Spaltungsbedingungen wurden durch Versuche ermittelt.

Die Existenzgebiete der beiden Bleicarbonate und des Doppelsalzes in derartigen Lösungen bei 18° und 37° wurden bis zur Gesamt-Na-Konzentration 0,25 n durch Versuche und Rechnung festgelegt, durch graphische Darstellungen veranschaulicht und die entsprechenden Gleichgewichtskonstanten berechnet.

Die Dissoziationstension des Kohlendioxyds beim Übergange von Bleicarbonat zu basischem Bleicarbonat wurde auf diesem Wege bei 18° zu etwa 0,1 mm Hg gefunden.

Auf Grund der Gleichgewichtsverhältnisse ergaben sich einfache Darstellungsverfahren für reines basisches Bleicarbonat und für basisches Natriumbleicarbonat.

Lösungen der Natriumcarbonate, die gleichzeitig wechselnde Mengen von Natriumsulfat enthalten, verhalten sich gegenüber Bleicarbonat und basischem Bleicarbonat qualitativ ebenso wie die sulfatfreien Lösungen; nur werden die Gleichgewichtskonzentrationen durch die Gegenwart des Natriumsulfats in gesetzmäßiger Weise verändert. Durch Versuche und Rechnung wurden die Existenzgebiete der beiden Bleicarbonate und des Doppelsalzes in sulfathaltigen Lösungen bis zur Gesamt-Na-Konzentration 0,25 n ermittelt und durch ein Raummodell veranschaulicht.

Die Erkenntnis dieser Gleichgewichtsverhältnisse führte zur Aufklärung der Vorgänge bei der Umsetzung von Bleisulfat mit Lösungen kohlensaurer Alkalien.

Bleisulfat und Natriumcarbonatlösung geben nur scheinbar in glatter Reaktion Bleicarbonat und Natriumsulfatlösung. In Wahrheit entsteht zunächst basisches Bleicarbonat, sodann basisches Natriumbleicarbonat, die bei Gegenwart hinreichender Mengen von weiterem Bleisulfat in neutrales Bleicarbonat übergeführt werden, so daß am Endpunkt der Umsetzung nur noch Spuren von basischem Bleicarbonat und eine entsprechende Menge gelösten Natriumhydrocarbonats vorhanden sind.

Bleisulfat und Natriumhydrocarbonatlösung geben Bleicarbonat, Natriumsulfatlösung und freie Kohlensäure nach der Gleichung

$$PbSO_4 + 2\,NaHCO_3 \rightleftarrows PbCO_3 + Na_2SO_4 + CO_2 + H_2O.$$

Diese Reaktion ist umkehrbar, so daß durch Kohlendioxyd von hinreichendem Druck in Natriumsulfatlösung suspendiertes Bleicarbonat in Bleisulfat übergeführt werden kann. Die entsprechenden Gleichgewichte wurden durch Versuche und Rechnung zahlenmäßig ermittelt.

Unter Benutzung der sämtlichen gefundenen Gleichgewichtskonstanten wurden die Löslichkeitsprodukte des Bleicarbonats, des basischen Bleicarbonats und des basischen Natriumbleicarbonats berechnet.

Berlin, Chemisches Laboratorium des Kaiserlichen Gesundheitsamtes, im Mai 1913.

Das Verhalten von Bleichromat und basischem Bleichromat in wässerigen Lösungen kohlensaurer Alkalien.

Von

Dr. Friedrich Auerbach,   und   Dr. Hans Pick,
Regierungsrat,   wissenschaftlichem Hilfsarbeiter

im Kaiserlichen Gesundheitsamte.

Inhalt: Einleitung. — Ausgangsstoffe und Analysenmethoden. — Die Umsetzung von Bleichromat mit Natriumcarbonatlösung bei 18°. — Das Gleichgewicht von Bleichromat, basischem Bleichromat und Bleicarbonat mit Lösungen vom Gesamt-Na-Gehalt 0,1 n. — Dasselbe Gleichgewicht mit Lösungen vom Gesamt-Na-Gehalt 0,05 n. — Theoretische Betrachtung der Gleichgewichte zwischen den drei Bleisalzen. — Löslichkeitsprodukte der Bleichromate. — Gleichgewicht der beiden Bleichromate mit basischem Bleicarbonat und basischem Natriumbleicarbonat. — Die Umsetzung von Bleichromat mit Natriumhydrocarbonatlösung. — Zusammenfassung.

Einleitung.

Durch die in der vorstehenden Abhandlung dargelegten Untersuchungen konnten wir einen Überblick über das Verhalten von Bleisulfat in verdünnten Lösungen von Natriumcarbonat, Natriumhydrocarbonat und deren Gemischen gewinnen. Die Aufklärung der entsprechenden Umsetzungen des chromsauren Bleis mußte im wesentlichen nach den gleichen Grundsätzen in Angriff genommen werden, führte aber zu Ergebnissen, die den beim Bleisulfat gewonnenen keineswegs einfach analog sind. Der Grund hierfür ist in der überaus geringen Löslichkeit des Bleichromats und seines basischen Salzes zu erblicken, die hinter derjenigen des Bleisulfats sehr bedeutend zurückbleiben, ja sogar noch etwas hinter der des Bleicarbonats. Wie in der voranstehenden Abhandlung ausgeführt wurde, ist Bleisulfat im Vergleich zu den Bleicarbonaten so löslich, daß in Alkalicarbonatlösungen, die mit festen Bleicarbonaten in Berührung sind, Zusatz von Alkalisulfat nur wie eine Verdünnung wirkt und im allgemeinen nicht zur Bildung von festem Bleisulfat führt; erst in Berührung mit Sulfatlösungen, die nur verschwindend kleine Mengen von Alkalihydrocarbonat und etwas freie Kohlensäure enthalten, wird Bleisulfat gegenüber Bleicarbonat beständig. Ganz anders liegen die Verhältnisse für das schwerlösliche Bleichromat. Wie unsere Versuche lehrten, genügt schon ein verhältnismäßig kleiner Zusatz von Natriumchromat zu Lösungen der Alkalicarbonate, um anwesende feste Bleicarbonate in Bleichromat oder basisches Bleichromat umzuwandeln. Während es also unter den sämtlichen

Lösungsgemischen von Natriumcarbonat, Natriumhydrocarbonat und Natriumsulfat überhaupt keine solchen gibt, in denen Bleisulfat sich bilden oder bestehen bleiben kann, ist neben den meisten Lösungsgemischen von Natriumcarbonat, Natriumhydrocarbonat und Natriumchromat entweder neutrales oder basisches Bleichromat vollkommen stabil; nur in einem ziemlich beschränkten Mischungsgebiet können die etwas weniger schwerlöslichen Bleicarbonate entstehen.

In quantitativer Hinsicht war bezüglich dieser Gleichgewichtsverhältnisse — namentlich für verdünnte Lösungen — bisher nur sehr wenig bekannt. Versuche von K. B. Lehmann[1]) über die Einwirkung von verdünnter Natriumcarbonatlösung auf Bleichromat hatten ergeben, daß hierbei gewisse Mengen von Chromat in Lösung gehen; die Reaktion wurde von Lehmann durch die Gleichung

$$PbCrO_4 + Na_2CO_3 \rightarrow PbCO_3 + Na_2CrO_4$$

formuliert. Wie unsere eigenen Versuche jedoch zeigten, muß unter den von Lehmann gewählten Versuchsbedingungen basisches Bleichromat, nicht aber neutrales Bleicarbonat gebildet worden sein.

Die Dazwischenkunft des roten basischen Bleichromats dürfte auch die Ergebnisse einer Untersuchung von Golblum und Stoffella[2]) über das Gleichgewicht

$$PbCrO_4 + K_2CO_3 \rightleftarrows PbCO_3 + K_2CrO_4$$

zum Teil beeinflußt haben, ohne daß dies von den Verfassern hinreichend berücksichtigt worden ist. Jene Versuche beziehen sich überdies auf Kaliumsalzlösungen, und zwar im wesentlichen nur auf sehr konzentrierte (an K_2CO_3 oder K_2CrO_4 gesättigte), kommen also für die uns beschäftigende Frage wenig in Betracht; einige wenige, an verdünnteren Lösungen von diesen Verfassern erhaltene Ergebnisse werden weiter unten noch besprochen werden.

Ausgangsstoffe und Analysenmethoden.

Die Versuchsanordnung, die Wahl der Ausgangsstoffe und die benutzten Analysenmethoden schlossen sich im allgemeinen der voranstehenden Untersuchung an. Die Umsetzungsreaktionen wurden — mit wenigen Ausnahmen — wiederum im Thermostaten bei 18⁰ verfolgt. Als Bleicarbonat und Natriumhydrocarbonat wurden die nämlichen Präparate wie früher angewandt.

Die Natriumcarbonatlösungen wurden anfangs durch Auflösen von Mercks Natriumcarbonat puriss. pro analysi, später aus selbst dargestelltem Natriumcarbonat, das durch Erhitzen von Hydrocarbonat im elektrischen Ofen gewonnen worden war, unter jedesmaliger Kontrolle der fertigen Lösungen hergestellt.

Bleichromat wurde anfänglich in Form eines Kahlbaumschen Präparates angewandt, später aber von uns selbst dargestellt, nachdem wir beobachtet hatten, daß sich verschieden hergestellte Präparate, namentlich unmittelbar nach dem Fällen, in der Farbe und Korngröße etwas voneinander unterscheiden. 100 ccm 10proz. Bleiacetatlösung wurden mit 30 ccm konzentrierter Salpetersäure versetzt und in der Hitze

[1]) Archiv. f. Hygiene **16**, 315 (1893).
[2]) Journ. de Chim. Phys. **8**, 131 (1910).

mit 100 ccm 4proz. Kaliumbichromatlösung gefällt. Der im ersten Augenblick hellgelbe Niederschlag wird bald dunkler gelb, setzt sich leicht ab und läßt sich gut filtrieren und auswaschen. Merkliche Unterschiede zwischen den mit verschiedenen Präparaten erreichten Gleichgewichtszuständen konnten wir übrigens nicht beobachten.

Zur Darstellung von Natriumchromatlösungen diente ein Kahlbaumsches Präparat, das beim Auflösen in wenig Wasser zunächst eine schwache Trübung gab; nach Absitzen der Trübung wurde die Lösung unter analytischer Kontrolle auf die gewünschte Konzentration verdünnt.

Zur Analyse der Chromatlösungen wurde etwas festes jodatfreies Jodkalium zugegeben, mit Schwefelsäure schwach angesäuert, das entbundene Jod mit etwa $^1/_{50}$ n Thiosulfatlösung titriert und aus dem Verbrauch an Thiosulfat die Chromatmenge berechnet. Da die vollständige Reduktion der Chromsäure durch Jodion nach dem Ansäuern mit Schwefelsäure noch einige Zeit erfordert, darf die Titration bekanntlich erst nach einigen Minuten ausgeführt werden. Das Stehenlassen des Lösungsgemisches an der Luft bringt aber, wie wir leider erst einige Zeit nach Beginn unserer Versuche feststellten, eine Fehlerquelle mit sich, die bei den geringen hier in Betracht kommenden Chromatkonzentrationen viel stärker ins Gewicht fällt als bei konzentrierteren Lösungen. Die Gegenwart des Luftsauerstoffes verursacht nämlich ebenfalls eine Jodabscheidung, und zwar verläuft dieser störende Nebenvorgang bei gleichzeitigem Ablauf der Chromatreduktion viel rascher als für sich[1]). Bei der Mehrzahl unserer Versuche wurde daher in die zur Titration dienenden Erlenmeyerkolben vor dem Ansäuern der Lösung eine Zeit lang Kohlendioxyd eingeleitet. Nachdem beim Ansäuern der stets Carbonat enthaltenden Lösungen noch eine kurze CO_2-Entwicklung eingetreten war, wurde das Titrationsgefäß mit einem aufgeschliffenen Stopfen verschlossen und kurze Zeit darauf (bei kleinen Chromatmengen verläuft die Reaktion rasch zu Ende) titriert. Bei dieser Arbeitsweise wurden keinerlei Störungen oder auffällige Verschiedenheiten von Parallelversuchen mehr beobachtet.

Aus der Zusammensetzung der Ausgangslösungen und dem nach der Umsetzung gefundenen Chromatgehalt konnte der Carbonat- und Hydrocarbonatgehalt nach stöchiometrischen Umsetzungsgleichungen berechnet werden, vorausgesetzt, daß nur eine einzige Reaktion eingetreten war; doch wurde in einer Anzahl von Fällen zur Kontrolle noch der Hydrocarbonatgehalt besonders bestimmt. Zu diesem Zweck wurde einer gemessenen Menge der Lösung eine so große Menge 0,1 n NaOH zugesetzt, daß sicher alles Hydrocarbonat in Soda übergeführt war und noch ein Überschuß von freiem Alkali verblieb, alsdann durch vorher ausgekochte $BaCl_2$-Lösung das Chromat als $BaCrO_4$, das Carbonat als $BaCO_3$ ausgefällt, der Niederschlag absitzen gelassen und schließlich in einem bestimmten Bruchteil der klaren Lösung der Überschuß an Alkali acidimetrisch bestimmt.

Die analytische Bestimmung des Hydrocarbonatgehaltes mußte namentlich immer dann vorgenommen werden, wenn der gleichzeitige Eintritt mehrerer Umsetzungsreaktionen zu erwarten war und somit die Chromatbestimmung zur Ermittelung der

---

[1]) Wagner, Zeitschr. f. anorgan. Chem. **19**, 427 (1899).

Lösungszusammensetzung nicht ausreichen konnte. In den übrigen Fällen, in denen die Berechnung bereits einen Wert für den Hydrocarbonatgehalt ergab, war dieser stets ein wenig kleiner als der analytisch ermittelte; dies ist auf eine geringe, schwer zu vermeidende CO_2-Aufnahme der Lösung aus der Luft zurückzuführen. Bei der endgültigen Feststellung der Gleichgewichtszustände verdienen daher diejenigen Versuche den Vorzug, bei denen der Hydrocarbonatgehalt unmittelbar bestimmt wurde.

Die Umsetzung von Bleichromat mit Natriumcarbonatlösung bei 18°.

Bei der Einwirkung von verdünnter, etwa 0,1 n $^1/_2$ Na_2CO_3-Lösung auf Bleichromat tritt bereits nach kurzem Schütteln Rotfärbung des Bodenkörpers ein, während die Lösung durch Aufnahme von Chromation sich gelb färbt. Die Umsetzung des Bleichromats bleibt stehen, sobald ein gewisser, von der Konzentration der angewandten Sodalösung abhängiger Alkalichromatgehalt in der Lösung erreicht ist. Ersetzt man die Gleichgewichtslösung über dem Bodenkörper durch neue Sodalösung, so wird stets wieder der gleiche Natriumchromatgehalt erreicht, solange noch unzersetztes gelbes Bleichromat am Boden zugegen ist; erst wenn der Vorrat an diesem erschöpft ist, hört die Chromatabgabe auf. Die Analyse eines durch solche erschöpfende Behandlung von gelbem Bleichromat mit Soda erhaltenen roten Bodenkörpers ergab, daß es sich um das bekannte basische Bleichromat, $PbCrO_4 \cdot PbO$, handelte, das in der Technik als Chromrot bekannt ist:

	Gefunden	Berechnet für $PbCrO_4 \cdot PbO$
PbO	82,08 %	81,69 %
CrO_3	18,67 „	18,31 „

Dies bestätigte auch die acidimetrische Analyse: 0,4130 g Salz, d. i. 0,756 Millimol $PbCrO_4 \cdot PbO$, neutralisierten beim Behandeln mit verdünnter Salpetersäure eine Säuremenge entsprechend $2 \times 0,753$ Millimol $NaOH$. Besondere Versuche ergaben, daß das Salz bereits im lufttrockenen Zustande völlig wasserfrei ist. Der Formel des neuen Bodenkörpers entsprach es auch, daß die Lösung nach der Bildung des roten Salzes keinen merklichen Verlust an Gesamt-Kohlendioxyd zeigte und auf je 1 Äquivalent gelösten Chromates ($^1/_2$ CrO_4) 1 Äquivalent Hydrocarbonat enthielt. Die Umsetzung entspricht demnach dem Vorgang:

$$2\,PbCrO_4 + 2\,Na_2CO_3 + H_2O \rightleftarrows PbCrO_4 \cdot PbO + 2\,NaHCO_3 + Na_2CrO_4$$

und verläuft bei hinreichender Menge von $PbCrO_4$ nur bis zu einem Gleichgewicht. Dieses Gleichgewicht verschiebt sich, wie man auch aus der obigen Umsetzungsgleichung nach dem Massenwirkungsgesetz schließen kann, mit steigender Verdünnung der angewandten Sodalösung zugunsten der rechten Seite.

Die Versuche, die zur Bestimmung des Gleichgewichtes ausgeführt wurden, sind in Tabelle 1 zusammengestellt. Im allgemeinen war bereits nach eintägigem Schütteln des Bleichromats mit der Lösung eine merkliche weitere Veränderung der Lösungszusammensetzung nicht mehr zu beobachten. Nur in einzelnen Fällen — nämlich bei den verdünnteren Lösungen und bei Lösungen von Soda mit Chromatzusatz (vergl. u. die Tabellen 3 und 8) — wurde eine langsamere Einstellung des Gleichgewichtszustandes beobachtet und dementsprechend länger, etwa 10 Tage lang, geschüttelt.

Die nicht unmittelbar bestimmten, sondern nur berechneten Hydrocarbonat-
konzentrationen und die danach ermittelten Carbonatgehalte sind in den nachfolgenden Tabellen eingeklammert. Soweit Versuche mit analytischer Bestimmung des Hydrocarbonats vorliegen, ist diesen bei der Mittelbildung, der Zeichnung der Diagramme
und der Berechnung der Konstanten der Vorzug gegeben worden. Dies ist schon darum
berechtigt, weil diese Versuche auch mit der verbesserten Analysenmethode und mit
zum Teil bedeutend längerer Schütteldauer ausgeführt wurden.

Tabelle 1.

Umsetzung von überschüssigem Bleichromat mit Natriumcarbonatlösung
zu basischem Bleichromat bei 18°.

Versuch Nr.	Ausgangslösung $\frac{1}{2}$ Na$_2$CO$_3$ n	Im Gleichgewicht			Bemerkungen
		$\frac{1}{2}$ Na$_2$CrO$_4$ n	NaHCO$_3$ n	$\frac{1}{2}$ Na$_2$CO$_3$ n	
		Na-Konzentration etwa 0,1 n.			
1 {a	0,0972	0,0293	(0,0293)	(0,0386)	Bodenkörper von
1 {b	0,0972	0,0296	(0,0296)	(0,0380)	1a mit neuer
2	0,0972	0,0301	(0,0301)	(0,0370)	Lösung angesetzt.
3	0,0972	0,0293	(0,0293)	(0,0386)	
4	0,0993	0,0297	(0,0297)	(0,0403)	
5	0,1000	0,0300	0,0325	0,0375	
6	0,1000	0,0300	0,0325	0,0375	
		Na-Konzentration etwa 0,05 n.			
7	0,0489	0,0161	(0,0161)	(0,0167)	
8	0,0489	0,0164	(0,0164)	(0,0161)	
9	0,0497	0,0164	(0,0164)	(0,0169)	
10	0,0500	0,0168	0,0184	0,0148	
		Na-Konzentration etwa 0,04 n.			
11	0,0390	0,0137	(0,0137)	(0,0116)	
12	0,0390	0,0138	(0,0138)	(0,0114)	
13	0,0400	0,0141	0,0157	(0,0102)	
14	0,0400	0,0144	0,0157	0,0099	
		Na-Konzentration etwa 0,02 n.			
15	0,0196	0,00725	(0,00725)	(0,0051)	
16	0,0196	0,00725	(0,00725)	(0,0051)	
17	0,0200	0,00755	0,0083	0,00415	
18	0,0200	0,00755	0,0082	0,00425	
		Na-Konzentration etwa 0,01 n.			
19	0,00997	0,00414	(0,00414)	(0,00169)	
20	0,00997	0,00404	(0,00404)	(0,00189)	

Die Mittel der endgültigen Versuche von Tabelle 1 sind in **Tabelle 2** zusammen-
gefaßt. Glcichzeitig ist die prozentische Verteilung des Natriums auf die drei Säurereste $\frac{1}{2}$ CrO$_4$, HCO$_3$ und $\frac{1}{2}$ CO$_3$ berechnet.

Tabelle 2.

Umsetzung von überschüssigem Bleichromat mit Natriumcarbonatlösung zu basischem Bleichromat bei 18°.

(Mittelwerte der Tabelle 1.)

Versuche Nr.	Im Gleichgewicht						
	$\frac{1}{2} Na_2 CrO_4$ n	$NaHCO_3$ n	$\frac{1}{2} Na_2 CO_3$ n	Gesamt-Na n	Davon als		
					Chromat %	Hydrocarbonat %	Carbonat %
5, 6	0,0300	0,0325	0,0375	0,1000	30,0	32,5	37,5
10	0,0168	0,0184	0,0148	0,0500	33,6	36,8	29,6
13, 14	0,01425	0,0157	0,01005	0,0400	35,6	39,3	25,1
17, 18	0,00755	0,00825	0,00420	0,0200	37,75	41,25	21,0
19, 20	0,00409	(0,00409)	(0,00179)	0,00997	41,0	(41,0)	(18,0)

Die obigen Versuche bedeuten insofern Sonderfälle des Verlaufes der betrachteten Reaktion, als dabei stets von reiner Sodalösung ausgegangen wurde. In diesem Falle kommt man zu Gleichgewichtslösungen, die äquivalente (oder nahezu äquivalente) Mengen von Natriumhydrocarbonat und Natriumchromat enthalten. In allgemeinerer Weise wird das Gleichgewicht ermittelt, wenn man an Stelle reiner Sodalösungen Gemische von Sodalösungen mit solchen von Natriumhydrocarbonat oder Natriumchromat auf Bleichromat einwirken läßt.

Das Gleichgewicht von Bleichromat, basischem Bleichromat und Bleicarbonat mit Lösungen vom Gesamt-Na-Gehalt 0,l n.

Zur graphischen Darstellung dieser Umsetzungs- und Gleichgewichtsverhältnisse empfiehlt es sich, zunächst nur Lösungen mit konstantem Na-Gehalt ins Auge zu fassen und sich der auch in der vorigen Abhandlung benutzten Dreiecksmethode (S. 139) zu bedienen. An Stelle des Natriumsulfats tritt diesmal das Natriumchromat ($\frac{1}{2} CrO_4$), während Natriumcarbonat ($\frac{1}{2} CO_3$) und -hydrocarbonat (HCO_3) wiederum die beiden andern Komponenten bilden.

Da bei der Umsetzung von gelbem Bleichromat in rotes basisches Bleichromat gleiche Äquivalente von Natriumchromat und Natriumhydrocarbonat auf Kosten von Natriumcarbonat gebildet werden, wird die Veränderung der Lösungszusammensetzung im Diagramm durch gerade Linien dargestellt, die vertikal auf die Axe HCO_3-$\frac{1}{2} CrO_4$ hinführen. Die CO_2-Aufnahme aus der Luft bewirkt allerdings, wie bereits erwähnt, kleine Abweichungen von diesem theoretischen Verlauf nach der Hydrocarbonatseite hin.

In der folgenden Tabelle 3 sind die Ergebnisse der Versuche für Lösungen, die an Gesamt-Na 0,1 n waren, zusammengestellt und in Fig. 1 die Zusammensetzung der Gleichgewichtslösungen, in denen also neutrales und basisches Bleichromat nebeneinander beständig sind, durch die Kurve $CQ_{0,1}$ graphisch veranschaulicht.

Tabelle 3.

Umsetzung von überschüssigem Bleichromat mit Lösungsgemischen von
Na_2CO_3, $NaHCO_3$ und Na_2CrO_4 bei 18°. Gesamt-Na $= 0,1$ n.

(Vgl. Fig. 1, **Kurve** $CQ_{0,1}$.)

Versuch Nr.	Ausgangslösung	Im Gleichgewicht						Bemerkungen
		$^1/_2\,Na_2CrO_4$	$NaHCO_3$	$^1/_2\,Na_2CO_3$	Vom Gesamt-Na als			
					Chromat	Hydrocarbonat	Carbonat	
		n	n	n	%	%	%	
21	$0,0750\,n\,^1/_2\,Na_2CrO_4$ $0,0250\,n\,^1/_2\,Na_2CO_3$	0,0789	(0,0039)	(0,0172)	78,9	(3,9)	(17,2)	
22	dasselbe	0,0811	0,0065	0,0123	81,1	6,5	12,3	
23	$0,0500\,n\,^1/_2\,Na_2CrO_4$ $0,0500\,n\,^1/_2\,Na_2CO_3$	0,0613	(0,0113)	(0,0274)	61,3	(11,3)	(27,4)	
24	dasselbe	0,0628	0,0136	0,0236	62,8	13,6	23,6	
25	$0,0250\,n\,^1/_2\,Na_2CrO_4$ $0,0750\,n\,^1/_2\,Na_2CO_3$	0,0449	(0,0199)	(0,0352)	44,9	(19,9)	(35,2)	
Mittel 5 u. 6	$0,1000\,n\,^1/_2\,Na_2CO_3$	0,0300	0,0325	0,0375	30,0	32,5	37,5	
26	$0,0150\,n\,^1/_2\,Na_2CrO_4$ $0,0350\,n\;\;NaHCO_3$ $0,0500\,n\,^1/_2\,Na_2CO_3$	0,0196	(0,0396)	(0,0408)	19,6	(39,6)	(40,8)	
27	$0,0100\,n\,^1/_2\,Na_2CrO_4$ $0,0500\,n\;\;NaHCO_3$ $0,0400\,n\,^1/_2\,Na_2CO_3$	0,0102	—	—	—	—	—	Reaktion blieb aus, auch nach Impfen mit basischem Bleichromat.

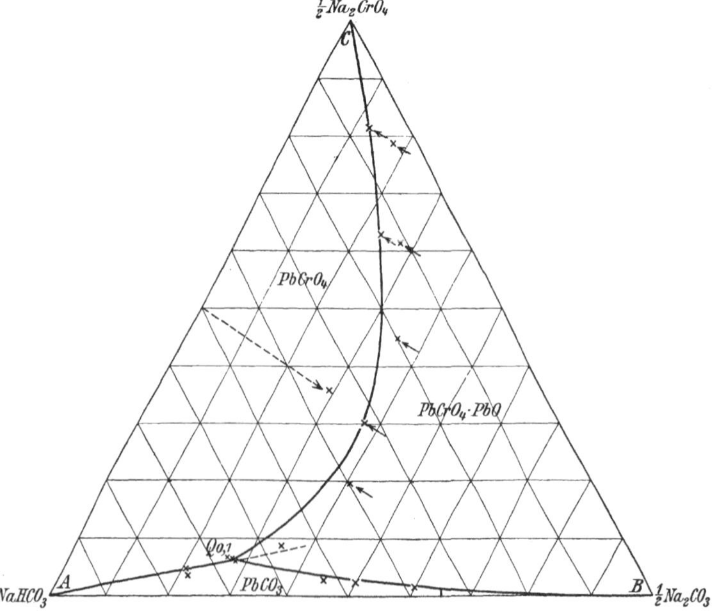

Fig. 1.
Gleichgewicht der Bleichromate mit Lösungen von $NaHCO_3$, Na_2CO_3, Na_2CrO_4.
0,1 n Na. 18°.

Die Punkte der endgültigen Versuche fügen sich gut in eine Kurve. Bei den letzten beiden Versuchen wurde aus später ersichtlichen Gründen die Zusammensetzung der Ausgangslösung nur wenig verschieden von der Lage des vermutlichen Gleichgewichtes gewählt; in einem Falle (Vers. 27) trat überhaupt keine merkliche Reaktion ein, in dem andern (Vers. 26) ist die Reaktion sicher nicht bis zum Gleichgewicht abgelaufen. Ähnliche Reaktionshemmungen haben wir auch bei den Untersuchungen der vorstehenden Abhandlung beobachtet.

Die Umwandlung des Bleichromats in rotes basisches Bleichromat erwies sich im folgenden zwar als umkehrbar, doch ist die Umkehrbarkeit auffälliger Weise keine vollständige: die vom roten basischen Salz ausgehende Reaktion

$$PbCrO_4 \cdot PbO + Na_2CrO_4 + 2\,NaHCO_3 \rightarrow 2\,PbCrO_4 + 2\,Na_2CO_3 + H_2O$$

bleibt bei höheren Natriumchromatgehalten stehen, als sie bei der umgekehrten Reaktion erreicht wurden.

Tabelle 4.

Umsetzung von überschüssigem basischem Bleichromat mit chromathaltigen Lösungen der Natriumcarbonate bei 18^0. Gesamt-Na $= 0,1$ n.

(Vgl. Fig. 1.)

Versuch Nr.	Ausgangslösung	Im Gleichgewicht					
		$^1/_2\,Na_2CrO_4$ n	$NaHCO_3$ n	$^1/_2\,Na_2CO_3$ n	Vom Gesamt-Na als		
					Chromat %	Hydrocarbonat %	Carbonat %
28	0,0500 n $^1/_2$ Na$_2$CrO$_4$ 0,0500 n NaHCO$_3$	0,0355	(0,0355)	(0,0290)	35,5	(35,5)	(29,0)
29	0,0350 n $^1/_2$ Na$_2$CrO$_4$ 0,0350 n NaHCO$_3$ 0,0300 n $^1/_2$ Na$_2$CO$_3$	Nach 11 Tagen praktisch unverändert					

Wir vermuteten anfänglich, daß diese mangelhafte Umkehrbarkeit auf eine Alterung oder eine Dehydratation des roten Salzes zurückzuführen sei, indem vielleicht das frisch entstandene basische Chromat im Gegensatz zu dem an der Luft getrockneten noch Wasser enthalte, z. B. $PbCrO_4 \cdot Pb(OH)_2$, und darum einem anderen Gleichgewichte entspreche; doch erwies es sich auch mit frisch dargestelltem, noch nicht getrocknetem basischem Bleichromat als unmöglich, das von der andern Seite erreichte Gleichgewicht wieder zu erhalten. Der Versuch 29 der Tabelle 4 lehrt, daß es sich auch nicht um einen allmählichen Verlust der Reaktionsfähigkeit des Salzes während des Schüttelns handeln kann, denn eine Lösung, deren Zusammensetzung derjenigen nahe lag, die im vorhergehenden Versuch erreicht worden war, reagierte von vornherein nicht mehr mit basischem Bleichromat. Die gleichen Beobachtungen wurden auch an verdünnteren Lösungen (s. u.) gemacht. Man wird die Abweichung daher durch verschiedene Modifikationen des neutralen Bleichromats zu erklären haben, indem das aus basischem Bleichromat entstehende neutrale Bleichromat etwas löslicher und instabiler sein könnte als das auf präparativem Wege erhaltene. Diese Erklärung findet darin eine gewisse Stütze, daß auch nach dem Verhalten von Bleichromat bei seiner Fällung aus Bleisalzlösungen (s. S. 55) Anzeichen für das Auftreten verschiedener Formen dieses Salzes bestehen.

Da die beschriebene Erscheinung für die Behandlung der uns beschäftigenden Fragen nur von untergeordneter Bedeutung war, sind wir ihr nicht weiter nachgegangen. Im folgenden soll unter der Gleichgewichtskurve „neutrales Bleichromat $\rightleftarrows$ basisches Bleichromat" stets die Kurve CQ, die vom neutralen Bleichromat aus erreicht wurde, verstanden werden.

Das Gleichgewicht zwischen Bleicarbonat und basischem Bleichromat. Bei einigen Vorversuchen über die Umsetzung von Bleichromat mit konzentrierteren Sodalösungen hatte sich nicht das rote basische Chromat, sondern ein fast weißer, nur noch ganz schwach gelblich gefärbter Bodenkörper gebildet, den wir für mit etwas Bleichromat verunreinigtes Bleicarbonat, hielten, eine Vermutung, die sich allerdings nach unseren späteren Betrachtungen als nicht stichhaltig erwies; vielmehr lag das in der vorstehenden Abhandlung beschriebene basische Natriumbleicarbonat vor. Um zunächst in 0,1 n Na-Lösung die Beziehungen des neutralen Bleicarbonats zu den beiden Bleichromaten klarzustellen, wurde sein Verhalten in verschiedenen Lösungsgemischen von Natriumchromat, -hydrocarbonat und -carbonat untersucht.

Da die Bildung von basischem Bleichromat aus Bleicarbonat nach der Gleichung

$$2\,PbCO_3 + Na_2CrO_4 + H_2O \rightarrow PbCrO_4 \cdot PbO + 2\,NaHCO_3,$$

also unter Abnahme des Chromats und entsprechender Zunahme des Hydrocarbonats in der Lösung verlaufen muß, wird der Ablauf dieser Reaktion im Dreiecksdiagramm durch parallele Linien zur Achse CA dargestellt. Die Achse BC gehört nach den obigen Versuchen zweifellos dem Existenzgebiet des basischen Bleichromates an. Um die Umwandlung von Bleicarbonat in rotes basisches Bleichromat zu verfolgen, wurden daher Lösungen, deren Zusammensetzung Punkten von BC entsprach, also Gemische von Na_2CrO_4 und Na_2CO_3 mit einem Gesamt-Na-Gehalt von 0,1 n, mit Bleicarbonat geschüttelt. Die Entstehung von rotem Salz konnte bereits nach wenigen Minuten beobachtet werden. Die Reaktion kam erst zum Stillstand, wenn die Lösungen weitgehend an Chromat verarmt waren; immerhin verblieb im Gleichgewicht noch ein kleiner, meßbarer Gehalt an Natriumchromat, so daß dem Bleicarbonat wenigstens ein kleines Existenzgebiet in der Nachbarschaft der Achse AB zukommt. Die Gleichgewichtskurve $BQ_{0,1}$ für gleichzeitige Gegenwart von Bleicarbonat und basischem Bleichromat, die so in den Versuchen Nr. 30 bis 32 von Tabelle 5 erhalten wurde, konnte auch bei der inversen Reaktion, der Bildung von Bleicarbonat aus basischem Bleichromat:

$$PbCrO_4 \cdot PbO + 2\,NaHCO_3 \rightarrow 2\,PbCO_3 + Na_2CrO_4 + H_2O$$

(Vers. 33) erreicht werden.

Tabelle 5.

Gleichgewicht $2\,PbCO_3 + Na_2CrO_4 + H_2O \rightleftarrows PbCrO_4 \cdot PbO + 2\,NaHCO_3$ bei 18^0.

Gesamt-Na $= 0,1$ n.

(Vgl. Fig. 1, Kurve $BQ_{0,1}$.)

Versuch Nr.	Ausgangsstoffe	Im Gleichgewicht						Bemerkungen
					Vom Gesamt-Na als			
		$^1/_2\,Na_2CrO_4$	$NaHCO_3$	$^1/_2\,Na_2CO_3$	Chromat	Hydrocarbonat	Carbonat	
		n	n	n	%	%	%	
30	$0,0400$ n $^1/_2\,Na_2CrO_4$ $0,0600$ n $^1/_2\,Na_2CO_3$ $PbCO_3$	0,0016	(0,0384)	(0,0600)	1,6	(38,4)	(60,0)	
31	$0,0500$ n $^1/_2\,Na_2CrO_4$ $0,0500$ n $^1/_2\,Na_2CO_3$ $PbCO_3$	0,0024	(0,0476)	(0,0500)	2,4	(47,6)	(50,0)	
32	$0,0550$ n $^1/_2\,Na_2CrO_4$ $0,0450$ n $^1/_2\,Na_2CO_3$ $PbCO_3$	0,0029	(0,0521)	(0,0450)	2,9	(52,1)	(45,0)	
33	$0,0550$ n $NaHCO_3$ $0,0450$ n $^1/_2\,Na_2CO_3$ $PbCrO_4 \cdot PbO$	0,0028	(0,0522)	(0,0450)	2,8	(52,2)	(45,0)	Umgekehrte Reaktion.

Im Schnittpunkt $Q_{0,1}$ der Gleichgewichtskurven „Bleichromat $\rightleftarrows$ basisches Bleichromat" und „Bleicarbonat $\rightleftarrows$ basisches Bleichromat" müssen die drei festen Salze sämtlich neben Lösung und Gasraum stabil sein (5-Phasenpunkt). Dieser Punkt wurde experimentell auf verschiedenen Wegen erreicht, wie aus Tabelle 6 (S. 64) zu ersehen ist.

Die Versuche wurden im allgemeinen derart angestellt, daß zu einer Lösung, die im Existenzgebiet des einen Salzes lag, die beiden andern Salze im Überschuß hinzugefügt wurden, oder es wurde durch Umsetzung eines Salzes, z. B. des neutralen Bleichromats, zunächst ein zweiter Bodenkörper, das basische Bleichromat, erzeugt und erst nach 1 bis 2 Tagen das dritte Salz hinzugesetzt. So gelang es, sich dem 5-Phasenpunkt von verschiedenen Seiten her zu nähern.

Das endgültige Gleichgewicht stellte sich bei diesen Versuchen recht langsam ein und war selbst nach 14 tägiger Schütteldauer noch nicht ganz erreicht.

Die beiden letzten Versuche der Tabelle 6 und einige andere, die hier nicht mitangeführt sind, wurden ursprünglich zu dem Zwecke angestellt, um durch die einfache Umsetzung

$$PbCrO_4 + Na_2CO_3 \rightleftarrows PbCO_3 + Na_2CrO_4$$

Punkte der Gleichgewichtslinie „Bleicarbonat $\rightleftarrows$ Bleichromat" $(AQ_{0,1})$ zu erreichen; sie erwiesen sich jedoch hierfür als nicht geeignet, da der 5-Phasenpunkt der Hydrocarbonatecke A weit näher liegt, als wir ursprünglich angenommen hatten, oder mit anderen Worten: nur in Lösungen, die verhältnismäßig reich an Hydrocarbonat sind, verläuft die oben formulierte Reaktion ohne Dazwischenkunft von basischem Blei-

Tabelle 6.

Gleichgewicht zwischen Bleichromat, basischem Bleichromat und Bleicarbonat mit chromathaltigen Lösungen der Natriumcarbonate bei 18°.

Gesamt-Na = 0,1 n.

(Vgl. Fig. 1, 5-Phasenpunkt $Q_{0,1}$.)

Versuch Nr.	Ausgangsstoffe	Im Gleichgewicht			Vom Gesamt-Na als			Bemerkungen
		$\tfrac{1}{2}Na_2CrO_4$	$NaHCO_3$	$\tfrac{1}{2}Na_2CO_3$	Chromat	Hydro-carbonat	Carbonat	
		n	n	n	%	%	%	
34	$0,0550\,n\,\tfrac{1}{2}Na_2CrO_4$ $0,0450\,n\,\tfrac{1}{2}Na_2CO_3$ $PbCrO_4$, $PbCO_3$	0,0059	0,0668	0,0273	5,9	66,8	27,3	
35	$0,1000\,n\,\tfrac{1}{2}Na_2CO_3$ $PbCrO_4$ nach 1 tägig. Schüt-teln $PbCO_3$ zugefügt	0,0066	0,0668	0,0266	6,6	66,8	26,6	
36	$0,0500\,n\,\tfrac{1}{2}Na_2CrO_4$ $0,0500\,n\,\tfrac{1}{2}Na_2CO_3$ $PbCO_3$ nach 1 tägig. Schüt-teln $PbCrO_4$ zugefügt	0,0061	0,0662	0,0277	6,1	66,2	27,7	
37 a	$0,0500\,n\ \ NaHCO_3$ $0,0500\,n\,\tfrac{1}{2}Na_2CO_3$ $PbCrO_4$	0,0036	—	—	3,6	—	—	Nach 2 Tagen; offenbar unter Bildung von $PbCO_3$ bis zur Kurve BQ ge-rückt.
37 b	—	0,0062	—	—	6,2	—	—	Nach weiteren 3 Tagen dem Chromatgehalt zufolge bis zum 5-Phasenpunkt gerückt.
38	$0,0350\,n\,\tfrac{1}{2}Na_2CrO_4$ $0,0650\,n\ \ NaHCO_3$ $PbCO_3$	0,0065	—	—	6,5	—	—	Dem Chromat-gehalt zufolge nach primärer $PbCrO_4$-Bildung zum 5-Phasen-punkt gerückt.

chromat. Wenn auch bei diesen Versuchen eine besondere Bestimmung des Hydro-carbonatgehaltes unterlassen worden war, kann man wohl schon aus der Chromat-bestimmung allein ersehen, daß der 5-Phasenpunkt erreicht wurde. Der Ver-such 37a, b bietet insofern ein besonderes Interesse, als die Reaktion zunächst, wie dies ja theoretisch vorherzusehen ist, unter ausschließlicher Bildung von $PbCO_3$ verlaufen, nach Erreichung der Gleichgewichtslinie $PbCO_3 \rightleftarrows PbCrO_4 \cdot PbO$ aber an-scheinend langsam längs BQ zum 5-Phasenpunkt gelaufen ist.

Das Gleichgewicht zwischen Bleichromat und Bleicarbonat. Die Er-mittelung der Gleichgewichtskurve „Bleichromat $\rightleftarrows$ Bleicarbonat" gestaltete sich nun-mehr sehr einfach. Ein Punkt dieser Kurve war bereits in dem 5-Phasenpunkt $Q_{0,1}$ bekannt. Der Theorie zufolge muß in den Punkten dieser Kurve das Verhältnis von Chromat zu Carbonat in der Lösung konstant sein, d. h. die Kurve ist die von der

Carbonatecke des Diagramms ausgehende Grade $AQ_{0,1}$. Bei der geringen Länge dieser Linie begnügten wir uns mit der experimentellen Ermittelung noch eines ihrer Punkte. Dieser wurde sowohl durch Umsetzung von Bleichromat mit Natriumcarbonat-hydrocarbonat-Lösung, wie durch Umsetzung von Bleicarbonat mit der entsprechenden Natriumchromat-hydrocarbonat-Lösung erreicht. Die Reaktionswege stellen sich gemäß der Umsetzungsgleichung

$$PbCrO_4 + Na_2CO_3 \rightleftarrows PbCO_3 + Na_2CrO_4$$

im Diagramm als bei konstantem Hydrocarbonatgehalt verlaufende Gerade dar, sind also Parallele zur Dreieckseite BC.

Tabelle 7.

Gleichgewicht $PbCrO_4 + Na_2CO_3 \rightleftarrows PbCO_3 + Na_2CrO_4$ bei 18°.

Gesamt-Na $= 0,1$ n.

(Vgl. Fig. 1, Kurve $AQ_{0,1}$.)

Ver-such Nr.	Ausgangsstoffe	Im Gleichgewicht						Bemerkungen
					Vom Gesamt-Na als			
		$\frac{1}{2}Na_2CrO_4$	$NaHCO_3$	$\frac{1}{2}Na_2CO_3$	Chromat	Hydro-carbonat	Carbonat	
		n	n	n	%	%	%	
39	0,0750 n NaHCO₃ 0,0250 n ½Na₂CO₃ PbCrO₄	0,0038	(0,0750)	(0,0212)	3,8	(75,0)	(21,2)	
40	0,0750 n NaHCO₃ 0,0250 n ½Na₂CrO₄ PbCO₃	0,0047	(0,0750)	(0,0203)	4,7	(75,0)	(20,3)	
41	0,0550 n NaHCO₃ 0,0450 n ½Na₂CrO₄ PbCO₃	0,0088	0,0568	0,0344	8,8	56,8	34,4	metastabil

Der Versuch 41 der Tabelle 7 führt zu einem jenseits des 5-Phasenpunktes liegenden, also metastabilen Punkt der Gleichgewichtskurve „Bleichromat $\rightleftarrows$ Bleicarbonat". Eigentlich hätte die Reaktion bis zum 5-Phasenpunkt führen müssen, ist aber anscheinend unter Übersättigung an rotem basischen Bleichromat vorher stehen geblieben.

Das Gleichgewicht von Bleichromat, basischem Bleichromat und Bleicarbonat mit Lösungen vom Gesamt-Na-Gehalt 0,05 n.

In ganz ähnlicher Weise wie für Lösungen mit einem Gesamt-Na-Gehalt von 0,1 n wurden die Gleichgewichtsbeziehungen der drei festen Bleisalze auch für Lösungen mit einem Gesamt-Na-Gehalt von 0,05 n ermittelt. Die nachfolgenden Tabellen enthalten die Zusammenstellung dieser Versuche. Nach ihnen ist das Gleichgewichtsdiagramm Fig. 2 (S. 68) gezeichnet.

Tabelle 8.

Umsetzung von überschüssigem Bleichromat mit Lösungsgemischen von Na_2CO_3, $NaHCO_3$ und Na_2CrO_4 bei $18°$. Gesamt-Na $= 0,05$ n.

(Vgl. Fig. 2, Kurve $CQ_{0,05}$.)

Ver-such Nr.	Ausgangslösung	Im Gleichgewicht						Bemerkungen
					Vom Gesamt-Na als			
		$\frac{1}{2}Na_2CrO_4$	$NaHCO_3$	$\frac{1}{2}Na_2CO_3$	Chromat	Hydro-carbonat	Carbonat	
		n	n	n	%	%	%	
42	0,0375 n $\frac{1}{2}Na_2CrO_4$ 0,0125 n $\frac{1}{2}Na_2CO_3$	0,0407	(0,0032)	(0,0061)	81,4	(6,4)	(12,2)	Mit etwas basischem Bleichromat geimpft
43	dasselbe	0,0400	(0,0025)	(0,0075)	80,0	(5,0)	(15,0)	
44	0,0250 n $\frac{1}{2}Na_2CrO_4$ 0,0250 n $\frac{1}{2}Na_2CO_3$	0,0324	(0,0074)	(0,0102)	64,8	(14,8)	(20,4)	
45	dasselbe	0,0324	0,0082	0,0094	64,8	16,4	18,8	
10	0,0500 n $\frac{1}{2}Na_2CO_3$	0,0168	0,0184	0,0148	33,6	36,8	29,6	vgl. Tab. 2
46	0,0075 n $\frac{1}{2}Na_2CrO_4$ 0,0175 n $NaHCO_3$ 0,0250 n $\frac{1}{2}Na_2CO_3$	0,0112	(0,0212)	(0,0176)	22,4	(42,4)	(35,2)	
47	0,0025 n $\frac{1}{2}Na_2CrO_4$ 0,0225 n $NaHCO_3$ 0,0250 n $\frac{1}{2}Na_2CO_3$	0,0061	(0,0261)	(0,0178)	12,2	(52,2)	(35,6)	

Die Versuche mit eingeklammerten Zahlen (bei denen HCO_3 und CO_3 nur rechnerisch ermittelt sind) wurden nach verhältnismäßig kurzer Schütteldauer abgebrochen; da bei ihnen das Gleichgewicht offenbar noch nicht erreicht war, sind sie bei der Zeichnung der Gleichgewichtskurve nicht mitberücksichtigt worden. Der untere Teil der Gleichgewichtskurven „Bleichromat $\rightleftarrows$ basisches Bleichromat" CQ, d. i. der Teil in der Nähe von Q, entbehrt also noch der experimentellen Bestätigung.

Auch in diesen verdünnteren Lösungen führte die umgekehrte Reaktion (Tabelle 9) nicht ganz bis zu demselben Gleichgewicht.

Tabelle 9.

Umsetzung von überschüssigem basischem Bleichromat mit chromathaltigen Lösungen der Natriumcarbonate bei $18°$. Gesamt-Na $= 0,05$ n.

(Vgl. Fig. 2.)

Ver-such Nr.	Ausgangslösung	Im Gleichgewicht						Bemerkungen
					Vom Gesamt-Na als			
		$\frac{1}{2}Na_2CrO_4$	$NaHCO_3$	$\frac{1}{2}Na_2CO_3$	Chromat	Hydro-carbonat	Carbonat	
		n	n	n	%	%	%	
48	0,0250 n $\frac{1}{2}Na_2CrO_4$ 0,0250 n $NaHCO_3$	0,0193	(0,0193)	(0,0114)	38,6	(38,6)	(22,8)	11 Tage geschüttelt
49	0,0250 n $\frac{1}{2}Na_2CrO_4$ 0,0250 n $NaHCO_3$	0,0191	(0,0191)	(0,0118)	38,2	(38,2)	(23,6)	

Tabelle 10.

Gleichgewicht $2\,PbCO_3 + Na_2CrO_4 + H_2O \rightleftarrows PbCrO_4 \cdot PbO + 2\,NaHCO_3$
bei 18 °. Gesamt-Na $= 0,05$ n.

(Vgl. Fig. 2, Kurve $BQ_{0,05}$.)

Ver-such Nr.	Ausgangsstoffe	Im Gleichgewicht			Vom Gesamt-Na als			Bemerkungen
		$\tfrac{1}{2}Na_2CrO_4$	$NaHCO_3$	$\tfrac{1}{2}Na_2CO_3$	Chromat	Hydro-carbonat	Carbonat	
		n	n	n	%	%	%	
50	$0,0200$ n $\tfrac{1}{2}Na_2CrO_4$ $0,0300$ n $\tfrac{1}{2}Na_2CO_3$ $PbCO_3$	0,0004	(0,0196)	(0,0300)	0,8	(39,2)	(60,0)	
51	$0,0250$ n $\tfrac{1}{2}Na_2CrO_4$ $0,0250$ n $\tfrac{1}{2}Na_2CO_3$ $PbCO_3$	0,0006	(0,0244)	(0,0250)	1,2	(48,8)	(50,0)	
52	$0,0275$ n $\tfrac{1}{2}Na_2CrO_4$ $0,0225$ n $\tfrac{1}{2}Na_2CO_3$ $PbCO_3$	0,0007	(0,0268)	(0,0225)	1,4	(53,6)	(45,0)	
53	$0,0275$ n $NaHCO_3$ $0,0225$ n $\tfrac{1}{2}Na_2CO_3$ $PbCrO_4 \cdot PbO$	0,0007	(0,0268)	(0,0225)	1,4	(53,6)	(45,0)	umgekehrte Reaktion

Tabelle 11.

Gleichgewicht zwischen Bleichromat, basischem Bleichromat und Bleicarbonat mit chromathaltigen Lösungen der Natriumcarbonate bei 18 °.
Gesamt-Na $= 0,05$ n.

(Vgl. Fig. 2, 5-Phasenpunkt $Q_{0,05}$.)

Ver-such Nr.	Ausgangsstoffe	Im Gleichgewicht			Vom Gesamt-Na als			Bemerkungen
		$\tfrac{1}{2}Na_2CrO_4$	$NaHCO_3$	$\tfrac{1}{2}Na_2CO_3$	Chromat	Hydro-carbonat	Carbonat	
		n	n	n	%	%	%	
54	$0,0250$ n $\tfrac{1}{2}Na_2CrO_4$ $0,0250$ n $\tfrac{1}{2}Na_2CO_3$ $PbCrO_4$ $PbCO_3$	0,0020	0,0403	0,0077	4,0	80,6	15,4	
55	$0,0325$ n $NaHCO_3$ $0,0175$ n $\tfrac{1}{2}Na_2CO_3$ $PbCrO_4$	0,0018	—	—	3,6	—	—	5-Phasenpunkt längs der Kurve BQ erreicht oder fast erreicht.

Von der Gleichgewichtslinie „Bleichromat $\rightleftarrows$ Bleicarbonat" AQ wurde nur ein
metastabiler Punkt von beiden Seiten her erreicht, der zur Lage von AQ sehr gut
paßt und einer Übersättigung an basischem Bleichromat entspricht.

Tabelle 12.

Gleichgewicht $PbCrO_4 + Na_2CO_3 \rightleftarrows PbCO_3 + Na_2CrO_4$ bei 18^0.

Gesamt-Na $= 0{,}05$ n.

(Vgl. Fig. 2, Kurve $AQ_{0,05}$.)

Ver-such Nr.	Ausgangsstoffe	Im Gleichgewicht						Bemerkungen
		$^1/_2 Na_2CrO_4$	$NaHCO_3$	$^1/_2 Na_2CO_3$	Vom Gesamt-Na als			
					Chromat	Hydro-carbonat	Carbonat	
		n	n	n	%	%	%	
56	$0{,}0375$n $NaHCO_3$ $0{,}0125$n $^1/_2 Na_2CO_3$ $PbCrO_4$	0,0021	(0,0375)	(0,0104)	4,2	(75,0)	(20,8)	metastabil
57	$0{,}0125$n $^1/_2 Na_2CrO_4$ $0{,}0375$n $NaHCO_3$ $PbCO_3$	0,0025	(0,0375)	(0,0100)	5,0	(75,0)	(20,0)	metastabil

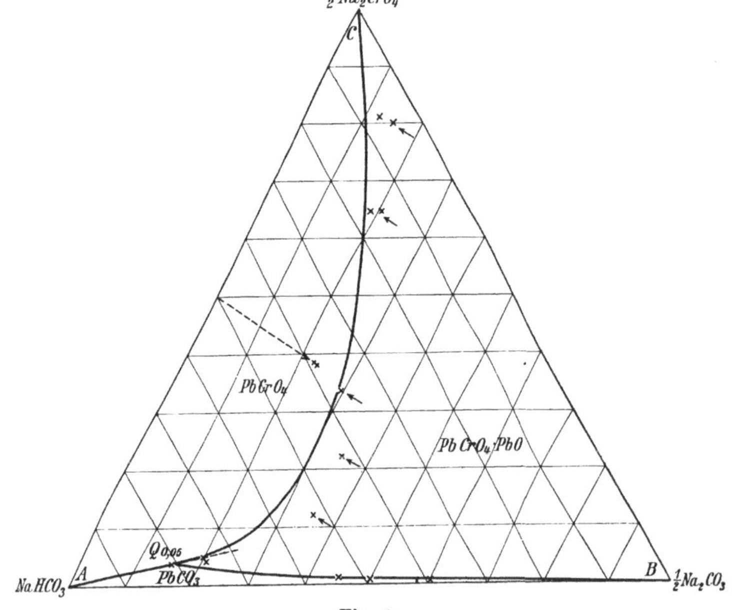

Fig. 2.

Gleichgewicht der Bleichromate mit Lösungen von $NaHCO_3$, Na_2CO_3, Na_2CrO_4.

0,05 n Na. 18^0.

Zusammenfassend läßt sich also nach diesen Versuchen bezüglich der beiden Diagramme für Na $= 0{,}1$ n und Na $= 0{,}05$ n sagen: die Gesamtheit aller Mischungen von Natriumchromat-, Natriumhydrocarbonat- und Natriumcarbonatlösungen zerfällt in drei Teilgebiete. Im Gebiete AQC ist neutrales Bleichromat, im Gebiete BQC basisches Bleichromat und im Gebiete AQB Bleicarbonat (bzw. basisches Bleicarbonat oder basisches Natriumbleicarbonat, vergl. w. u. S. 74) stabil. Längs CQ sind die beiden Bleichromate, längs AQ neutrales Bleichromat und Bleicarbonat, längs BQ basisches Bleichromat und Bleicarbonat miteinander im Gleichgewicht. In den Punkten Q sind alle drei Bodenkörper beständig. Das Gleichgewicht zwischen neutralem und basischem Bleichromat stellt sich in der Nähe der Punkte Q nur langsam und unvollkommen ein; es hat sich ferner nicht als vollkommen reversibel erweisen lassen, wohl dagegen die übrigen Gleichgewichte.

Ein Vergleich der beiden Diagramme für 0,1 n Na und 0,05 n Na lehrt, daß die Existenzgebiete des neutralen Bleichromats und des Bleicarbonats mit steigender Verdünnung der Alkalisalze zugunsten des basischen Bleichromats verhältnismäßig kleiner werden.

Über den Temperatureinfluß auf die Gleichgewichte wurde nur ein Doppelversuch mit 0,1 n $^1/_2$ Na$_2$CO$_3$ und PbCrO$_4$ bei 37° gemacht. Es trat wiederum Bildung von rotem basischem Bleichromat ein; das Gleichgewicht wurde rasch und mit guter Übereinstimmung erreicht.

Tabelle 13.

Umsetzung von überschüssigem Bleichromat mit 0,1n Natriumcarbonatlösung zu basischem Bleichromat bei 37°.

Versuch Nr.	Im Gleichgewicht						Bemerkungen
	$^1/_2$ Na$_2$CrO$_4$	NaHCO$_3$	$^1/_2$ Na$_2$CO$_3$	Vom Gesamt-Na als			
				Chromat	Hydrocarbonat	Carbonat	
	n	n	n	%	%	%	
58	0,0399	(0,0399)	(0,0202)	39,9	(39,9)	(20,2)	3 Tage geschüttelt
59	0,0399	(0,0399)	(0,0202)	39,9	(39,9)	(20,2)	6 „ „

Während die entsprechende Reaktion bei 18° schon bei einem Chromatgehalt von 30% Halt macht, verläuft sie bei 37° bis zu einem Gehalt von rund 40% Chromat. Das Existenzgebiet des basischen Bleichromats wird also mit steigender Temperatur, wie dies die zunehmende Hydrolyse der Alkalicarbonate auch von vornherein vermuten läßt, größer. In qualitativer Hinsicht werden jedoch bei 37° gegenüber den Verhältnissen bei 18° noch keine wesentlichen Verschiedenheiten bestehen.

Theoretische Betrachtung der Gleichgewichte zwischen den drei Bleisalzen.

Der auf experimentellem Wege ermittelte Verlauf der Grenzkurven zwischen den Existenzgebieten der drei betrachteten Bleisalze soll im folgenden in ähnlicher Weise vom theoretischen Standpunkte aus geprüft werden, wie dies in der voranstehenden Abhandlung für die dort behandelten Grenzkurven geschehen ist. Die Gleichgewichtslinien stellen auch hier die Gesamtheit der Gleichgewichtszustände dar, bei denen die von dem einen zum andern Bodenkörper führenden Reaktionen bei gegebenem Gesamt-Na-Gehalt stehen bleiben, nämlich für die

Kurven CQ: $2\,PbCrO_4 + 2\,CO_3'' + H_2O \rightleftharpoons PbCrO_4 \cdot PbO + CrO_4'' + 2\,HCO_3'$

„ BQ: $2\,PbCO_3 + CrO_4'' + H_2O \rightleftharpoons PbCrO_4 \cdot PbO + 2\,HCO_3'$

„ AQ: $PbCrO_4 + CO_3'' \rightleftharpoons PbCO_3 + CrO_4''$.

Da die aktiven Massen der als Bodenkörper anwesenden Stoffe als konstant anzunehmen sind, folgt nach dem Massenwirkungsgesetz die Konstanz folgender Ausdrücke:

für CQ, Bleichromat $\rightleftharpoons$ basisches Bleichromat:
$$K_6 = \frac{[CrO_4''] \cdot [HCO_3']^2}{[CO_3'']^2}$$

„ BQ, Bleicarbonat $\rightleftharpoons$ basisches Bleichromat:
$$K_7 = \frac{[HCO_3']^2}{[CrO_4'']}$$

„ AQ, Bleichromat $\rightleftharpoons$ Bleicarbonat:
$$K_8 = \frac{[CrO_4'']}{[CO_3'']}.$$

Zwischen den drei der Theorie zufolge für gegebene Temperatur konstanten Größen K_6, K_7 und K_8 muß, wie leicht ersichtlich, die Beziehung gelten:

$$K_8 = \sqrt{\frac{K_6}{K_7}},$$

das ist der algebraische Ausdruck für die Tatsache, daß die drei Kurven sich in einem Punkte schneiden.

Aus den gleichen Gründen wie in der voranstehenden Abhandlung (S. 21) mußten wir auch bei der Auswertung der Konstanten K_6, K_7 und K_8 von der Einführung von Ionenkonzentrationen absehen und uns mit der Berechnung der angenäherten Ausdrücke:

$$K_6' = \frac{(Na_2CrO_4) \cdot (NaHCO_3)^2}{(Na_2CO_3)^2}$$

$$K_7' = \frac{(NaHCO_3)^2}{(Na_2CrO_4)}$$

$$K_8' = \frac{(Na_2CrO_4)}{(Na_2CO_3)}$$

begnügen. Der durch Vernachlässigung der unvollständigen Ionisation bedingte Fehler kann hier nur sehr gering sein, da die Ionisationsgrade sich bei Einführung in die obigen Ausdrücke vermutlich fast völlig aufheben würden. Eine Bestätigung dieser Annahme ergibt sich daraus, daß die Werte der Konstanten K' (vergl. die Tabellen 14 bis 16) im Mittel von der Gesamt-Na-Konzentration nahezu unabhängig sind, während ein erheblicher Einfluß der unvollständigen Ionisation einen deutlichen Gang der Werte bewirken müßte.

Bei der Zusammenstellung der Tabellen 14 bis 16 wurden nach Möglichkeit wiederum nur solche Versuche berücksichtigt, die wir oben als „endgültige" gekennzeichnet hatten.

Tabelle 14.

Gleichgewichtskonstante der Umsetzung von neutralem in basisches Bleichromat bei 18°.

(Nach Versuchen der Tabellen 2, 3, 6, 11.)

Versuch Nr.	Im Gleichgewicht			$K_6' = \dfrac{(Na_2CrO_4)(NaHCO_3)^2}{(Na_2CO_3)^2}$	Bemerkungen
	Na_2CrO_4 Mol/l	$NaHCO_3$ Mol/l	Na_2CO_3 Mol/l		
			Na 0,1 n		
22	0,0406	0,0065	0,0062	0,045	
24	0,0314	0,0136	0,0118	0,042	
5, 6	0,0150	0,0325	0,0188	0,045	
34, 35, 36	0,003	0,0665	0,014	0,065	5-Phasenpunkt
			Na 0,05 n		
45	0,0162	0,0082	0,0047	0,049	
10	0,0084	0,0184	0,0074	0,052	
54	0,001	0,0403	0,0039	0,10	5-Phasenpunkt
			Na 0,04 n		
13, 14	0,007125	0,0157	0,00503	0,070	
			Na 0,02 n		
17, 18	0,00378	0,00825	0,00210	0,058	
			Na 0,01 n		
19, 20	0,00205	0,00409	0,00090	0,042	

Mittel: **0,057**

Tabelle 15.

Gleichgewichtskonstante der Umsetzung von Bleicarbonat in basisches Bleichromat bei 18°.

(Nach Versuchen der Tabellen 5, 6, 10, 11.)

Versuch Nr.	Im Gleichgewicht			$K_7' = \dfrac{(NaHCO_3)^2}{(Na_2CrO_4)}$	Bemerkungen
	Na_2CrO_4 Mol/l	$NaHCO_3$ Mol/l	Na_2CO_3 Mol/l		
			Na 0,1 n		
30	0,0008	0,0384	0,0300	1,84	
31	0,0012	0,0476	0,0250	1,89	
32	0,00145	0,0521	0,0225	1,87	
33	0,0014	0,0522	0,0225	1,95	
34, 35, 36	0,003	0,0665	0,014	(1,48)	5-Phasenpunkt
			Na 0,05 n		
50	0,0002	0,0196	0,0150	1,92	
51	0,0003	0,0244	0,0125	1,98	
52	0,00035	0,0268	0,01125	2,05	
53	0,00035	0,0268	0,01125	2,05	
54	0,0010	0,0403	0,0039	(1,62)	5-Phasenpunkt

Mittel: **1,95**

Tabelle 16.

Gleichgewichtskonstante der Umsetzung von Bleichromat in Bleicarbonat bei 18°.

(Nach Versuchen der Tabellen 6, 7, 11, 12.)

Versuch Nr.	Im Gleichgewicht			$K_8' = \dfrac{(Na_2CrO_4)}{(Na_2CO_3)}$	Bemerkungen
	Na_2CrO_4 Mol/l	$NaHCO_3$ Mol/l	Na_2CO_3 Mol/l		
			Na 0,1 n		
39	0,0019	0,0750	0,0106	0,18	
40	0,00235	0,0750	0,01015	0,23	
34, 35, 36	0,003	0,0665	0,014	0,22	5-Phasenpunkt
41	0,0044	0,0568	0,0172	0,26	
			Na 0,05 n		
54	0,0010	0,0403	0,00385	0,26	5-Phasenpunkt
56	0,00105	0,0375	0,0052	0,20	
57	0,00125	0,0375	0,0050	0,25	

Mittel: **0,23**

Nach der S. 70 erwähnten Beziehung folgt

$$K_8' = \sqrt{\frac{K_6'}{K_7'}} = \sqrt{\frac{0,057}{1,95}} = 0,17,$$

während 0,18 bis 0,26 beobachtet wurde. Die Übereinstimmung ist in Rücksicht auf die Vernachlässigung der Unvollständigkeit der Ionisation und den z. T. sehr hohen Einfluß von Versuchsungenauigkeiten auf den Zahlenwert der Konstanten eine durchaus befriedigende. Man wird somit für die Konstante des Gleichgewichts zwischen neutralem Bleichromat und neutralem Bleicarbonat bei 18° den runden Wert

$$\mathbf{K_8 = \frac{[CrO_4'']}{[CO_3'']} = 0,2}$$

als wohlbegründet annehmen können.

Die in Tab. 14 für die 5-Phasenpunkte berechneten Werte von K_6' weichen vom Mittelwerte etwas ab, doch ist hierauf wenig Gewicht zu legen, da auch hier die Einstellung des Gleichgewichtszustandes nur eine schlechte war und überdies geringe Unsicherheiten der Chromat- und Hydrocarbonatbestimmung in hohem Maße auf den Zahlenwert von K_6' einwirken.

Zur Ermittelung der Gleichgewichtskonstante K_8 liegen auch einige Versuche in der schon oben erwähnten Abhandlung von Golblum und Stoffella[1]) vor. Durch Umsetzung von $PbCrO_4$ und $PbCO_3$ mit Kaliumcarbonat und Kaliumchromatlösung bei 25° wollen die Verfasser folgende Gleichgewichtslösungen für das Gleichgewicht „Bleichromat $\rightleftarrows$ Bleicarbonat" erhalten haben:

---

[1]) Journ. de Chim. Phys. 8, 131 (1910).

Auf 1000 Mol H_2O			Auf 1000 g H_2O			$\dfrac{(K_2CrO_4)}{(K_2CO_3)}$
K_2CrO_4	K_2CO_3	Gesamt-K	K_2CrO_4	K_2CO_3	Gesamt-K	
Mol	Mol	Mol	Mol	Mol	Mol	
0,1548	0,8452	2,000	0,0086	0,0470	0,1111	0,18
0,2621	3,7379	8,000	0,0146	0,208	0,444	0,070
0,389	9,611	20,000	0,0216	0,534	1,111	0,040

Nach dem Verhältnis $(K_2CrO_4)/(K_2CO_3)$ zu urteilen, könnte bei dem ersten dieser Versuche in der Tat das Gleichgewicht zwischen $PbCrO_4$ und $PbCO_3$ erreicht worden sein. Dies ist zwar insofern befremdlich, als sich nach unseren Feststellungen dieses Gleichgewicht nur in Gegenwart verhältnismäßig großer Mengen von Hydrocarbonat-ion verwirklichen lassen sollte, da andernfalls Bildung von basischem Bleichromat eintritt. Immerhin ist es nicht ganz ausgeschlossen, daß ein metastabiler Punkt der Kurve AQ (Schnitt der Verlängerung von AQ mit der Achse BC) erreicht wurde, da nach Angabe der Verfasser von vornherein beide Bodenkörper, $PbCrO_4$ und $PbCO_3$, zugegeben waren. Bei den beiden anderen Versuchen dürften jedoch verwickeltere Vorgänge eingetreten sein, darunter wohl auch die Bildung von basischem Natrium-bleicarbonat (vgl. S. 75/76). Es scheint, daß bei den obigen Versuchen von Golblum und Stoffella überhaupt nur der CrO_4-Gehalt analytisch bestimmt wurde, der Car-bonatgehalt dagegen unter Annahme konstanten Kaliumgehaltes und unter Außeracht-lassung etwaiger hydrolytischer Vorgänge berechnet ist, so daß von ihrer weiteren Erörterung abgesehen werden kann.

Löslichkeitsprodukte der Bleichromate.

Die Gleichgewichtskonstanten der Umsetzungsreaktionen gestatten wiederum wie in der voranstehenden Abhandlung einige Beziehungen zwischen den Löslichkeits-produkten der beteiligten schwerlöslichen Bleisalze herzuleiten. Bezeichnet man die Löslichkeitsprodukte des Bleicarbonats, Bleichromats und basischen Bleichromats mit

$$L_{PbCO_3} = [Pb^{..}] \cdot [CO_3'']$$
$$L_{PbCrO_4} = [Pb^{..}] \cdot [CrO_4'']$$
$$L_{PbCrO_4 \cdot PbO} = [Pb^{..}]^2 \cdot [CrO_4''] \cdot [OH']^2,$$

so folgen ganz ähnlich, wie dies in der vorstehenden Abhandlung entsprechend für die Bleicarbonate gezeigt worden ist, unter gleichzeitiger Berücksichtigung der Ionisa-tionskonstante des Wassers, k_w, und der Konstante k_2 für die zweite Stufe der Kohlen-säuredissoziation, die Beziehungen:

$$L_{PbCrO_4} = K_8 \cdot L_{PbCO_3}$$
$$L_{PbCrO_4 \cdot PbO} = \frac{k_w^2}{k_2^2 \cdot K_7} \cdot L^2_{PbCO_3}.$$

Mit den Zahlenwerten für 18 °

$$k_w = 0{,}64 \cdot 10^{-14} \qquad\qquad K_7 = 1{,}95$$
$$k_2 = 6 \cdot 10^{-11} \qquad\qquad K_8 = 0{,}2$$
$$L_{Pb\,CO_3} = 1 \cdot 10^{-13} \text{ (vgl. S. 162 der vorst. Abhandl.)}$$

folgt für die Löslichkeitsprodukte des neutralen und des basischen Bleichromats

$$\left.\begin{array}{l} L_{Pb\,CrO_4} = [Pb^{..}] \cdot [CrO_4''] \qquad\qquad = 2 \cdot 10^{-14} \\ L_{Pb\,CrO_4 \cdot PbO} = [Pb^{..}]^2 \cdot [CrO_4''] \cdot [OH']^2 = 6 \cdot 10^{-35} \end{array}\right\} \text{ bei } 18\,°$$

Für das Löslichkeitsprodukt des neutralen Bleichromats berechnen Beck und Stegmüller[1]) nach Versuchen über die Löslichkeit von Bleichromat in verdünnter Salzsäure den Wert $L_{Pb\,CrO_4} = 1{,}77 \cdot 10^{-14}$, ebenfalls bei 18 °. Die Übereinstimmung dieser beiden, auf ganz unabhängigen Wegen gewonnenen Werte muß als eine vorzügliche bezeichnet werden.

Gleichgewicht der beiden Bleichromate mit basischem Bleicarbonat und basischem Natriumbleicarbonat.

Bei den bisherigen Betrachtungen wurde davon abgesehen, daß nach den Ergebnissen unserer vorstehenden Abhandlung das Existenzgebiet des neutralen Bleicarbonats z. T. durch die Gebiete des basischen Bleicarbonats (Bleiweiß), $2\,PbCO_3 \cdot Pb(OH)_2$, und des von uns aufgefundenen basischen Natriumbleicarbonats, $NaPb_2(CO_3)_2OH$, verdrängt wird. Berücksichtigt man dies, so ergibt sich die Frage, welches die Grenzbeziehungen zwischen den genannten Bleicarbonaten und den hier behandelten Bleichromaten sind. Ein Vergleich der Diagramme Fig. 1 und Fig. 2 mit den entsprechenden Diagrammen Fig. 11 und Fig. 10 der vorigen Abhandlung zeigt ohne weiteres, daß die Existenzgebiete des basischen Bleicarbonats und des Doppelsalzes in den beiden Chromatdiagrammen überaus klein sein müssen. Da Natriumchromat und Natriumsulfat, soweit keine schwerlöslichen Salze dieser Anionen ausfallen, ausschließlich als Verdünnungsmittel wirken (vgl. S. 26), kann man die Grenzkurven „Bleiweiß $\rightleftarrows$ Bleicarbonat", „Bleiweiß $\rightleftarrows$ Doppelsalz" und „Doppelsalz $\rightleftarrows$ Bleicarbonat" einfach in die Chromatdiagramme übertragen, soweit sie dort nicht von den Existenzgebieten des neutralen und des basischen Bleichromats überlagert werden. Dies ist in Fig. 1 und in Fig. 2 andeutungsweise geschehen. Man erkennt, daß die Existenzgebiete der beiden basischen Bleicarbonate durch das Hinzukommen der Bleichromate sehr eingeschränkt werden und für die Umsetzungen bei 0,1 n Na und 0,05 n Na praktisch belanglos sind. Die Grenzkurven, die die beiden basischen Bleicarbonate vom basischen Bleichromat trennen, sind natürlich nicht vollkommen identisch mit den in den Figuren bis zum Eckpunkt B durchgezeichneten Grenzkurven des neutralen Bleicarbonates, doch ist die Verschiedenheit nur eine geringe. Die Verhältnisse werden deutlicher, wenn man zu einem Diagramm mit höherem Na-Gehalt, übergeht, da hier die Existenzgebiete der Bleicarbonate etwas größere Ausdehnung besitzen. In Fig. 3 ist dies für den Gesamt-Na-Gehalt 0,2 Mol/l durchgeführt. Die Kurven sind auf Grund der S. 182 hergeleiteten Gleichungen für die Grenzkurven des

---

[1]) Arbeiten a. d. Kaiserl. Gesundheitsamte **34**, 466 (1910).

Chromatsystemes und unter Berücksichtigung der Löslichkeitsprodukte von $PbCrO_4 \cdot PbO$ und $NaPb_2(CO_3)_2OH$ (vgl. S. 50 der vorigen Abhandlung) gezeichnet. Bleiweiß kann entsprechend Fig. 13 der vorigen Abhandlung in 0,2 n Na-Salzlösungen bei Gegenwart von Chromat nicht mehr in Betracht kommen. Die für die gleichzeitige Gegenwart von basischem Bleichromat und Doppelsalz (Grenzkurve PB) gültige Gleichung ergibt sich aus den Beziehungen

$$L_{PbCrO_4 \cdot PbO} = [Pb^{\cdot\cdot}]^2 \cdot [CrO_4''] \cdot [OH']^2 = 6 \cdot 10^{-35}$$
$$L_{NaPb_2(CO_3)_2OH} = [Na^{\cdot}] \cdot [Pb^{\cdot\cdot}]^2 \cdot [CO_3'']^2 \cdot [OH'] = 1 \cdot 10^{-31}$$
$$k_w = [H^{\cdot}] \cdot [OH'] = 0,64 \cdot 10^{-14}$$
$$k_2 = \frac{[H^{\cdot}] \cdot [CO_3'']}{[HCO_3']} = 6 \cdot 10^{-11}$$

zu

$$K_9 = \frac{[CrO_4'']}{[Na^{\cdot}] \cdot [CO_3''] \cdot [HCO_3']} = 5,6,$$

wenn man wiederum von der Unvollständigkeit der Ionisation der am Gleichgewicht beteiligten Salze absieht.

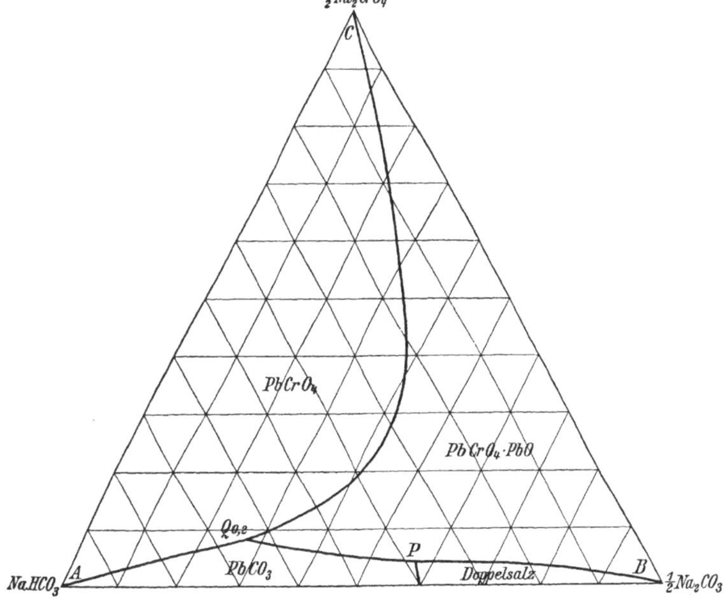

Fig. 3.
Gleichgewicht der Bleichromate und Bleicarbonate mit Lösungen von $NaHCO_3$, Na_2CO_3, Na_2CrO_4.
0,2 n Na. 18°.

Der Punkt P ist ein zweiter 5-Phasenpunkt (oder bei wechselndem Na-Gehalt eine zweite 5-Phasenlinie) des Systemes, in dem Bleicarbonat, basisches Natriumbleicarbonat und basisches Bleichromat neben Lösung und Gasraum stabil sind.

Mit steigendem Na-Gehalt muß der Berechnung zufolge die Kurve BP mehr und mehr nach der Achse BC herumschwenken, so daß die Einwirkung konzentrierterer Sodalösungen auf PbCrO$_4$ nicht zu basischem Bleichromat, sondern zu basischem Natriumbleicarbonat führen dürfte. In der Tat konnte bei einigen Handversuchen mit 0,2, 0,5 und 1,0 n Sodalösungen zunächst die Bildung eines nur schwach gelblichen Bodenkörpers und erst später die Entstehung von rotem Bleisalz beobachtet werden. Die angewandten Sodalösungen waren nicht ganz frei von Hydrocarbonat, andernfalls wäre die primäre Bildung von Doppelsalz bei der 0,2 n Lösung kaum zu erwarten gewesen (vgl. Fig. 3).

Die Umsetzung von Bleichromat mit Natriumhydrocarbonatlösung.

Aus den bisherigen Darlegungen ließ sich ein vollständiges Bild der Umsetzungen gewinnen, die neutrales Bleichromat mit Lösungen von Natriumcarbonat oder von Natriumcarbonat und -hydrocarbonat eingeht. Noch nicht behandelt dagegen ist die Frage nach der Reaktion zwischen Bleichromat und reinen Hydrocarbonatlösungen. Wie die Diagramme Fig. 1—3 zeigen, verlaufen die Existenzgebiete von neutralem Bleichromat und neutralem Bleicarbonat beide zur Hydrocarbonatecke A. Danach war zu vermuten, daß die Umsetzung von Bleichromat und Natriumhydrocarbonatlösung zum neutralen Bleicarbonat führen würde. Dies wurde bestätigt. Die Reaktion verläuft ganz analog wie beim PbSO$_4$ (vgl. S. 41 der vorigen Abhandlung) nach der Gleichung

$$PbCrO_4 + 2\,NaHCO_3 \rightleftharpoons PbCO_3 + Na_2CrO_4 + CO_2 + H_2O;$$

ihr Gleichgewicht ist demgemäß vom CO$_2$-Druck abhängig. Infolgedessen konnten bei mehrfachem Öffnen der Schüttelflaschen, in denen sich die Umsetzung vollzog, infolge Entweichens von CO$_2$ allmählich steigende Chromatgehalte der Lösung beobachtet werden. Es ließ sich ferner zeigen, daß beim Durchleiten eines CO$_2$-armen Luftstromes durch eine Suspension von PbCrO$_4$ in Natriumhydrocarbonatlösung die Lösung sich allmählich durch Aufnahme von CrO$_4$-Ion gelb färbt und umgekehrt beim darauffolgenden Einleiten eines CO$_2$-Stromes von gewöhnlichem Druck durch Ausfällung von PbCrO$_4$ wieder fast völlig entfärbt.

Es wurde versucht, das Gleichgewicht der Reaktion in 0,1 n Lösung beim Durchleiten von Luft mit einem definierten kleinen CO$_2$-Druck quantitativ zu fassen. Es sollte in der Lösung stets der CO$_2$-Druck einer unveränderten 0,1 n NaHCO$_3$-Lösung durch einen Luftstrom aufrecht erhalten werden, der vorher eine Reihe von Flaschen mit 0,1 n NaHCO$_3$-Lösung durchströmt hatte. Doch scheiterten diese Versuche an der langsamen Einstellung des Gleichgewichtes, so daß wir uns mit einer Reihe mehr qualitativer Beobachtungen begnügen mußten.

So verblieb beim Einleiten von CO$_2$ von 1 Atm. Druck, entsprechend etwa 0,05 Mol CO$_2$ in 1 l Lösung, nur ein sehr geringer CrO$_4$-Gehalt von etwa 10^{-5} Mol/l. Man kann diese Beobachtung an der Hand der Theorie prüfen, da für die Berechnung der Gleichgewichtskonstante der obigen Reaktion

$$K_{10} = \frac{[H_2CO_3] \cdot [CrO_4'']}{[HCO_3']^2}$$

die nötigen Unterlagen vorhanden sind. Für das Gleichgewicht zwischen neutralem Bleicarbonat und neutralem Bleichromat war oben die Beziehung

$$\frac{[CrO_4'']}{[CO_3'']} = K_8 = 0,2$$

hergeleitet worden. In Hydrocarbonatlösungen mit einem Gehalt an freiem CO_2 ist die Konzentration der CO_3''-Ionen durch die beiden Ionisationsgleichgewichte der Kohlensäure (Konstanten k_1 und k_2) bestimmt, und es gilt

$$[CO_3''] = \frac{k_2}{k_1} \cdot \frac{[HCO_3']^2}{[H_2CO_3]}$$
$$= \frac{1}{5000} \cdot \frac{[HCO_3']^2}{[H_2CO_3]}$$

(vergl. auch S. 23 der vorigen Abhandlung). Setzt man dies in die Gleichung für K_8 ein, so folgt

$$\frac{[H_2CO_3] \cdot [CrO_4'']}{[HCO_3']^2} = 4 \cdot 10^{-5} = K_{10}.$$

Wendet man diese Beziehung zur Berechnung von $[CrO_4'']$ in einer 0,1 n $NaHCO_3$-Lösung an, die mit CO_2 von 1 Atm. gesättigt (0,05 n) ist, so folgt

$$[CrO_4''] = \frac{(0,1)^2 \cdot 4 \cdot 10^{-5}}{0,05} = 0,8 \cdot 10^{-5},$$

also in der Tat etwa 10^{-5} Mol/l, wie experimentell gefunden wurde.

Es wurde auch versucht, das Gleichgewicht durch Schütteln von $PbCrO_4$ in vollkommen mit Hydrocarbonatlösung angefüllten, verschlossenen Flaschen zu bestimmen. Es müßte dann gemäß der Gleichung

$$PbCrO_4 + 2\,NaHCO_3 \rightarrow PbCO_3 + Na_2\,CrO_4 + H_2CO_3$$

in der Lösung

$$[CrO_4''] = [H_2CO_3]$$

sein, da ein Entweichen von CO_2 aus der Lösung verhindert war. Bei 18^0 gelang es auf diesem Wege nicht, wohldefinierte CrO_4-Konzentrationen in der Lösung zu erhalten, was aber vielleicht nur auf die Langsamkeit der Gleichgewichtseinstellung zurückzuführen ist. Denn in einem entsprechenden Doppelversuche bei 37^0 wurden ausgezeichnet übereinstimmende Werte erhalten. Es ergab sich beim Schütteln von 0,1 n $NaHCO_3$-Lösung in vollständig gefüllter Flasche mit überschüssigem Bleichromat bei 37^0 sowohl nach drei- wie nach sechstägiger Versuchsdauer ein Gehalt von

$$[CrO_4''] = 0,00044 \text{ Mol/l.}$$

Dies stimmt verhältnismäßig gut mit dem nach dem obigen Wert für K_{10} bei 18^0 zu erwartenden Wert überein; denn für $[CrO_4] = [H_2CO_3]$ folgt aus

$$\frac{[H_2CO_3] \cdot [CrO_4'']}{[HCO_3']^2} = \frac{[CrO_4'']^2}{(0,1)^2} = 4 \cdot 10^{-5}$$
$$[CrO_4''] = 0,00063 \text{ Mol/l.}$$

Da K_{10} ebenso wie K_8, k_1 und k_2 sich nur wenig mit der Temperatur verändern dürften, so liefert der bei 37^0 experimentell gefundene Wert von $[CrO_4'']$ eine weitere Bestätigung dafür, daß die Größenordnung von K_{10} richtig berechnet ist.

Ein Vergleich von $K_{10} = 4 \cdot 10^{-5}$ mit der entsprechenden Konstante der Umsetzung zwischen Bleisulfat und Natriumhydrocarbonatlösung (vgl. S. 43)

$$K_5' = \frac{[H_2CO_3] \cdot (Na_2SO_4)}{(NaHCO_3)^2} = 58$$

zeigt, daß die Umwandlung von $PbCrO_4$ in $PbCO_3$ schon bei millionenfach kleineren CO_2-Drucken Halt macht als diejenige von $PbSO_4$.

Zusammenfassung.

Es wurde das Verhalten von Bleichromat, basischem Bleichromat und Bleicarbonat gegenüber verdünnten Lösungen von Natriumcarbonat, Natriumhydrocarbonat, Natriumchromat und deren Gemischen untersucht.

Bleichromat wird durch verdünnte Sodalösung gemäß

$$2\,PbCrO_4 + 2\,Na_2CO_3 + H_2O \rightleftarrows PbCrO_4 \cdot PbO + 2\,NaHCO_3 + Na_2CrO_4$$

in rotes basisches Bleichromat übergeführt; die Reaktion macht bei einem Gleichgewicht Halt, das sich mit steigender Verdünnung und steigender Temperatur zugunsten der rechten Seite verschiebt. Umgekehrt gibt rotes basisches Bleichromat mit Lösungen von Natriumhydrocarbonat und Natriumchromat neutrales Bleichromat, doch werden dabei nicht vollkommen dieselben Gleichgewichtszustände erreicht, wie bei der ersteren Reaktion.

Die Umsetzung von Bleichromat und Sodalösung zu Bleicarbonat

$$PbCrO_4 + Na_2CO_3 \rightleftarrows PbCO_3 + Na_2CrO_4$$

tritt nur in Gegenwart erheblicher Mengen von Hydrocarbonat in der Lösung ein, da andernfalls nach der erstgenannten Reaktion basisches Bleichromat gebildet wird; sie führt zu einem auch durch die umgekehrte Reaktion erreichbaren Gleichgewichtszustande.

Das Existenzgebiet der beiden Bleichromate und des Bleicarbonats in Lösungen der genannten Natriumsalze wurde für 18^0 und die Gesamt-Na-Konzentrationen 0,1 n und 0,05 n durch Versuche festgelegt, durch graphische Darstellungen veranschaulicht und die entsprechenden Gleichgewichtskonstanten berechnet.

Aus diesen und den in der voranstehenden Abhandlung ermittelten Gleichgewichtskonstanten wurden die Existenzgebiete der Bleichromate und Bleicarbonate auch für Lösungsgemische vom Gesamt-Na-Gehalt 0,2 n berechnet und graphisch dargestellt.

Mit Natriumhydrocarbonatlösung reagiert Bleichromat ähnlich wie Bleisulfat gemäß

$$PbCrO_4 + 2\,NaHCO_3 \rightleftarrows PbCO_3 + Na_2CrO_4 + CO_2 + H_2O.$$

Die Reaktion ist umkehrbar. Sie macht unter sonst gleichen Bedingungen bei viel niedrigeren Kohlendioxyddrucken Halt als die entsprechende Umsetzung des Bleisulfats. Ihre Gleichgewichtskonstante bei 18^0 wurde rechnerisch ermittelt und durch Näherungsversuche hinreichend bestätigt.

Unter Benutzung der gefundenen Gleichgewichtskonstanten wurden die Löslichkeitsprodukte des neutralen und des basischen Bleichromats berechnet.

Berlin, Chemisches Laboratorium des Kaiserlichen Gesundheitsamtes, im Juni 1913.

Die Bleiabgabe schwerlöslicher Bleisalze an Natriumhydrocarbonat enthaltende Lösungen.

Von

Dr. Friedrich Auerbach,
Regierungsrat,

und

Dr. Hans Pick,
wissenschaftlichem Hilfsarbeiter

im Kaiserlichen Gesundheitsamte.

In der Einleitung zu der ersten der beiden voranstehenden Abhandlungen ist darauf hingewiesen worden, daß für die toxikologische Beurteilung schwerlöslicher Bleisalze die Kenntnis derjenigen Bleimengen von Bedeutung ist, die sie an die Verdauungssäfte abgeben. Soweit es sich dabei um den Magensaft handelt, sind diese Fragen in einer Untersuchung von Beck und Stegmüller[1]) behandelt worden. Für die Prüfung der Bleiabgabe an Pankreassaft und Darmsaft war es nach Feststellung des Alkalitätsgrades dieser Säfte und der Art und Menge der darin enthaltenen Salze[2]) zunächst noch erforderlich, diejenigen chemischen Umsetzungen kennen zu lernen, welche die in Betracht kommenden Bleisalze in Lösungen von der Zusammensetzung der betreffenden Verdauungssäfte erfahren. Durch die beiden voranstehenden Abhandlungen sind diese Verhältnisse aufgeklärt worden.

Pankreassaft und Darmsaft sind, wenn man von ihren organischen Bestandteilen absieht, als verdünnte wässerige Lösungen von Natriumhydrocarbonat und Natriumchlorid mit nur geringen Mengen anderer Salze, aber mit einem gewissen Gehalt an freier Kohlensäure aufzufassen. In derartigen Lösungen treten nach dem Ergebnis unserer Gleichgewichtsstudien folgende Umsetzungen ein:

Neutrales Bleicarbonat . . . . bleibt unverändert.

Basisches Bleicarbonat . . . . verwandelt sich in neutrales Bleicarbonat.

Bleisulfat . . . . „ „ „ „ „

Bleichlorid und sonstige leichter lösliche

Bleisalze . . . . „ „ „ „ „

Neutrales Bleichromat verwandelt sich teilweise oder völlig „ „ „

Basisches Bleichromat „ „ „ „ „ in neutrales Bleichromat

neben neutralem Bleicarbonat oder in letzteres allein.

Somit gehen die meisten Bleisalze in den fraglichen Lösungen in neutrales Bleicarbonat, $PbCO_3$, über. Bei genügend langer Einwirkung und wiederholter Er-

---

[1]) Beck und Stegmüller, Arb. a. d. Kaiserl. Gesundheitsamte **34**, 446 (1910).

[2]) Auerbach und Pick, Arb. a. d. Kaiserl. Gesundheitsamte **43**, 155 (1912).

neuerung der die Umsetzung hervorrufenden Lösung würden auch die beiden Bleichromate völlig in neutrales Bleicarbonat übergehen. Da indessen diese Umwand-
lungen zunächst nur unvollkommen und verhältnismäßig langsam verlaufen, so
muß damit gerechnet werden, daß auch gelbes und rotes Bleichromat als solche
längere Zeit der lösenden Wirkung der Verdauungssäfte ausgesetzt sein können. Es
waren daher auf Bleiabgabe zu prüfen:

Neutrales Bleicarbonat . . $PbCO_3$

Neutrales Bleichromat . . $PbCrO_4$

Basisches Bleichromat . . $PbCrO_4 \cdot PbO$.

Bei der Schwerlöslichkeit dieser drei Bleisalze war von vornherein anzunehmen,
daß es sich nur um Spuren von gelöstem Blei handeln könne. Immerhin war es von
Interesse, diese Spuren zahlenmäßig festzustellen.

Um den physiologischen Verhältnissen möglichst nahe zu kommen, wurden die
Natriumhydrocarbonatlösungen in denjenigen Konzentrationen angewandt, die sich bei
unseren früheren Untersuchungen als Durchschnitt aus den Analysen von Pankreassaft — 0,1 n $NaHCO_3$ — und Darmsaft — 0,02 n $NaHCO_3$ — ergeben hatten. Ein Teil
der Versuchsflüssigkeiten wurde ferner noch kochsalzhaltig hergestellt, und zwar für
die pankreassaftähnliche Flüssigkeit 0,1 n an $NaCl$, für die darmsaftähnliche 0,15 n
an $NaCl$. Schließlich wurde ein Teil der Versuchslösungen, sowohl der kochsalzfreien
wie der kochsalzhaltigen, vor dem Versuch mit Kohlendioxyd gesättigt. Auf diese
Weise konnte der Einfluß der verschiedenen Lösungsbestandteile auf die Bleiabgabe
der Bleisalze einzeln geprüft werden.

Die Mehrzahl der Versuche wurde bei Körpertemperatur, 37⁰, zum Vergleich
einige auch bei 18⁰ ausgeführt. Je 250 ccm der Lösungen wurden mit den fein-
pulverigen Bleisalzen 1 bis 2 Tage im Thermostaten geschüttelt. Eintägige Schütteldauer erwies sich für die Erreichung des Sättigungszustandes als genügend. Die
Lösungen wurden innerhalb des Thermostaten durch einen als Filter dienenden Asbest-
pfropf in eine vorgelegte Flasche hinübergesaugt und so vom Bodenkörper völlig
getrennt, ehe sie sich abkühlten.

Je 500 ccm der klaren Lösung, d. i. der Inhalt zweier Schüttelflaschen, wurden
der Analyse unterworfen. Um die geringen Mengen Blei, die in der Lösung vorhanden waren, als Chromat[1]) zu fällen und zu bestimmen, mußte man sie stark
konzentrieren und dann zunächst von den großen Mengen von Alkalisalzen trennen.
Zu diesem Zwecke wurde die Lösung in einer Platinschale auf dem Wasserbade fast
bis zur Trockene verdampft. Nach Zusatz von etwas Schwefelnatrium und gelindem
Erwärmen fiel das Blei als Bleisulfid in braunschwarzen Flocken aus, die sich leicht
abfiltrieren ließen. Das Bleisulfid wurde durch Kochen des Filters mit verdünnter
Salpetersäure wieder gelöst, die Lösung von den Papierflocken durch Filtration ge-
trennt und zur Entfernung der Salpetersäure in einer Porzellanschale eingedampft. Der
Rückstand wurde mit verdünnter Essigsäure aufgenommen, in ein Erlenmeyer-
Kölbchen mit aufgeschliffenem Stopfen übergespült und mit verdünnter Natrium-

---

[1]) Vergl. Beck, Löwe und Stegmüller, Arbeiten a. d. Kaiserl. Gesundheitsamte **33**,
239 (1910).

chromatlösung im Überschuß versetzt. Das gebildete Bleichromat ließ man bis zum folgenden Tage absitzen und altern, filtrierte alsdann durch ein kleines Filterchen und brachte das abfiltrierte und ausgewaschene Bleichromat durch Auflösung mit einigen Tropfen verdünnter Salzsäure in das Kölbchen zurück. Alsdann wurde die Luft des Kolbens durch Einleiten von Kohlendioxyd verdrängt, das Chromat durch Einwerfen einiger Körnchen von jodatfreiem Kaliumjodid reduziert und das ausgeschiedene Jod mit einer Thiosulfatlösung, von der etwa 0,7 ccm 1 mg Blei entsprachen, titriert. Durch Kontrollanalysen wurde festgestellt, daß die erhaltenen Ergebnisse auf etwa 0,1 mg zuverlässig sind.

In der folgenden Tabelle 1 sind die beim Schütteln von Bleicarbonat erhaltenen Löslichkeitswerte zusammengestellt.

Tabelle 1.

Bleiabgabe von PbCO₃ beim Schütteln mit Natriumhydrocarbonat
enthaltenden Lösungen.

Versuch Nr.	Lösung	Im Sättigungszustande mg Blei im l			
		bei 37°		bei 18°	
		Einzelwerte	Mittelwerte	Einzelwerte	Mittelwerte
1	0,1 n NaHCO₃	0,88 0,96 0,89	0,91	0,54 0,54	0,54
2	0,1 n NaHCO₃, ges. an CO₂	0,54 0,42	0,48	0,30	—
3	0,1 n NaHCO₃, 0,1 n NaCl	0,82 0,82	0,82	—	—
4	0,1 n NaHCO₃, 0,1 n NaCl, ges. an CO₂	0,46 0,50	0,48	—	—
5	0,02 n NaHCO₃	0,30 0,30	0,30	—	—
6	0,02 n NaHCO₃, ges. an CO₂	—	—	0,46	—
7	0,02 n NaHCO₃, 0,15 n NaCl	0,30	—	—	—
8	0,02 n NaHCO₃, 0,15 n NaCl, ges. an CO₂	4,6 4,1	4,4	4,6	—

Bei den entsprechenden Untersuchungen des neutralen Bleichromats (Tab. 2) und des basischen Bleichromats (Tab. 3) ging, wie dies nach den Ergebnissen der vorigen Abhandlung bekannt war, stets etwas Chromation in die Lösungen über, und zwar bei Anwendung von kohlendioxydgesättigten Hydrocarbonatlösungen in weit geringerem Maße als bei Abwesenheit von freier Kohlensäure. Die Gegenwart des Chromats verlangte eine kleine Abänderung der Analysenmethode. Beim Zusatz des Natriumsulfids zur Lösung wurde nicht nur das Blei gefällt, sondern daneben noch das Chrom reduziert und gefällt. Läßt man das bei der Auflösung des Niederschlags gebildete Chromiion in der Lösung, so treten bei der Ausfällung des Bleis als

6

Chromat Störungen ein. Die essigsaure Lösung des chromhaltigen Bleisulfidniederschlages wurde daher nochmals mit einer geringen Menge von Schwefelnatriumlösung versetzt, wobei nunmehr wegen der schwach sauren Reaktion der Lösung nur das Blei gefällt wurde. Nach dem Abfiltrieren des Bleisulfids wurde dann in der gewohnten Weise verfahren. Das Ergebnis des Versuches 9 der Tabelle 2, bei dem diese Abänderung der Methode noch nicht benutzt wurde, ist vielleicht ungenau.

Tabelle 2.

Bleiabgabe von $PbCrO_4$ beim Schütteln mit Natriumhydrocarbonat enthaltenden Lösungen bei 37°.

Versuch Nr.	Lösung	Im Sättigungszustande mg Blei im l	
		Einzelwerte	Mittelwerte
9	0,1 n $NaHCO_3$	1,04 (?)	—
10	0,1 n $NaHCO_3$, 0,1 n NaCl	0,85	—
11	0,1 n $NaHCO_3$, 0,1 n NaCl, ges. an CO_2	0,44	—
12	0,02 n $NaHCO_3$	0,30 0,30 }	0,30
13	0,02 n $NaHCO_3$, ges. an CO_2	0,41 0,30 }	0,36
14	0,02 n $NaHCO_3$, 0,15 n NaCl	0,33 0,41 }	0,37
15	0,02 n $NaHCO_3$, 0,15 n NaCl, ges. an CO_2 . . .	0,28 0,30 }	0,29

Tabelle 3.

Bleiabgabe von $PbCrO_4 \cdot PbO$ beim Schütteln mit Natriumhydrocarbonat enthaltenden Lösungen bei 37°.

Versuch Nr.	Lösung	Im Sättigungszustande mg Blei im l
16	0,1 n $NaHCO_3$	0,76
17	0,1 n $NaHCO_3$, gesättigt an CO_2	0,80
18	0,1 n $NaHCO_3$, 0,1 n NaCl	1,1
19	0,1 n $NaHCO_3$, 0,1 n NaCl, gesättigt an CO_2	1,1

Die Versuche mit kohlensäuregesättigten Lösungen wurden derart angestellt, daß durch die betreffenden Salzlösungen vor Beginn des Schüttelns etwa 10 Minuten lang ein Kohlendioxydstrom bei der Versuchstemperatur hindurchgeschickt wurde. Bei Behandlung derartiger Lösungen mit basischem Bleichromat wurde naturgemäß das Kohlendioxyd während des Schüttelns von dem basischen Salz geschluckt, so daß hier ein Unterschied in den Ergebnissen bei Anwendung kohlendioxydfreier und Kohlendioxyd enthaltender Lösungen nicht zu beobachten ist.

Die gefundenen Bleimengen betragen, auf 1 l der Lösungen berechnet, in den meisten Versuchen weniger als 1 mg Blei, nur in der Versuchsreihe 8 von Tabelle 1 erreichen sie 4,1 bis 4,6 mg Blei.

Aus dem Löslichkeitsprodukt von $PbCO_3$ [1]) und aus dem Ionisations- und Hydrolysengrad der $NaHCO_3$-Lösungen [2]) läßt sich schätzen, wie groß die Pb-Ionenkonzentration einer an $PbCO_3$ gesättigten $NaHCO_3$-Lösung sein kann; sie berechnet sich — je nach der Konzentration der $NaHCO_3$-Lösung und ihrem Gehalt an freier Kohlensäure — nur zu einigen Hunderttausendstel bis höchstens wenigen Hundertstel eines Milligramms Pb in 1 Liter. Die analytisch gefundenen Bleimengen von einigen Zehntel Milligramm müssen daher der Hauptmenge nach in Form von undissoziierten Molekeln oder komplexen Ionen in der Lösung vorhanden sein. Infolge der Zweiwertigkeit des Bleiions ist die stufenweise Ionisation seiner Verbindungen mit einwertigen Ionen zu berücksichtigen; die Ionen $PbCl^{.}$ und $Pb(OH)^{.}$ z. B. spielen in Lösungen von $PbCl_2$ und $Pb(OH)_2$ eine wichtige Rolle. Im vorliegenden Falle ist jedenfalls auch mit der Ionenart $Pb(HCO_3)^{.}$ zu rechnen.

Mangels eines näheren Einblickes in diese Verhältnisse ist es auch schwierig, den Einfluß der wechselnden Konzentration von $NaHCO_3$ und denjenigen der Zusätze von NaCl und CO_2 zu der $NaHCO_3$-Lösung auf die Gesamtmenge des gelösten Bleis eindeutig zu erklären. Der Einfluß von NaCl in Abwesenheit von Kohlendioxyd ist unerheblich. Bemerkenswert ist die Beobachtung, daß durch freie Kohlensäure in der 0,1 n $NaHCO_3$-Lösung die aus $PbCO_3$ gelöste Bleimenge erniedrigt, in der verdünnteren, 0,02 n $NaHCO_3$-Lösung aber bei Gegenwart von NaCl beträchtlich erhöht wird. Vom Standpunkte des Massenwirkungsgesetzes bieten sich zur Deutung dieser Verhältnisse naheliegende Annahmen, von deren Erörterung hier jedoch abgesehen werden kann.

Die in Versuch Nr. 8 gelöste Bleimenge von 4,6 mg auf 1 Liter entspricht extremen Verhältnissen, nämlich der Konzentration reinen Darmsaftes bei Sättigung an freier Kohlensäure. In Wahrheit ist im Darm ein Gemisch der verschiedenen Verdauungssäfte und ferner wohl Gegenwart von freier Kohlensäure, aber nicht Sättigung an solcher anzunehmen, so daß auch jene Höchstmenge an gelöstem Blei nicht erreicht werden wird. Auch im übrigen ist nicht anzunehmen, daß die Bleimengen, die in unseren Versuchen bei stunden- oder tagelang fortgesetztem Schütteln großer Mengen der Bleisalze mit den Lösungsmitteln an diese abgegeben wurden, im lebenden Körper jemals erreicht werden. Denn schwerlösliche Bleiverbindungen, die auf ihrem Wege durch den Verdauungskanal mit dem Speisebrei in den Darm gelangen, werden in der Regel nur mit einem Teile des Darmsaftes und nicht genügend lange Zeit in Berührung kommen, um diesen völlig zu sättigen.

Dabei sind wir bei unseren Versuchen von der ungünstigsten Annahme ausgegangen, daß die Bleiverbindungen ohne jede schützende Schicht der lösenden Wirkung des Darminhaltes ausgesetzt werden. Handelt es sich um Aufnahme von Blei aus bleihaltigen Ölfarben in den Organismus, so würde noch die Umhüllung der einzelnen

---

[1]) Vgl. S. 50.
[2]) Auerbach und Pick, Arbeiten a. d. Kaiserl. Gesundheitsamte **38**, 243 (1911).

Bleisalzteilchen mit dem getrockneten Ölfirnis zu berücksichtigen sein. Gegen die Einwirkung des Magensaftes bietet diese Firnisschicht einen hervorragenden Schutz, wie Beck und Stegmüller[1]) durch quantitative Versuche bestätigt haben. Bei Pankreassaft und Darmsaft ist eine solche Schutzwirkung des Firnisses nur in geringerem Maße anzunehmen. Schon durch gewöhnliche Natriumhydrocarbonatlösung wird getrockneter Leinölfirnis selbst bei Zimmertemperatur zu einem nicht unerheblichen Grade verseift; bei Körpertemperatur und durch die Mitwirkung des im Pankreassaft vorhandenen fettspaltenden Fermentes, der Pankreaslipase, wird dies in viel höherem Grade der Fall sein. Man muß daher, wie wir dies getan haben, wenigstens mit der Möglichkeit des Fehlens jeglicher schützenden Schicht rechnen.

Die unter solchen möglichst ungünstigen Bedingungen gelösten Bleimengen von 0,3 bis höchstens 4,6 mg in 1 Liter der Verdauungssäfte dürften in toxikologischer Beziehung als ganz unbedenklich anzusehen sein. Sie betragen nur einen kleinen Bruchteil derjenigen Bleimengen, die von den gleichen Bleiverbindungen, selbst wenn sie in Firnis eingebettet sind, unter ähnlichen Umständen an den Magensaft abgegeben werden.

Man kann daher den Schluß ziehen, daß solche Bleiverbindungen, die im Magen nicht in lösliche Bleisalze übergeführt werden, auch im Darm keine gesundheitsschädlichen Mengen von Blei mehr in Lösung gehen lassen. Im Darm werden vielmehr die meisten Bleiverbindungen in das auch im Darmsaft sehr schwer lösliche Bleicarbonat übergeführt. Bleivergiftungen vom Magen-Darm-Kanal aus kommen also im allgemeinen wahrscheinlich nur dadurch zustande, daß im Magen gelöstes Blei, wenn nicht etwa schon im Magen selbst, doch jedenfalls im oberen Abschnitt des Darms resorbiert wird, bevor die Magensäure durch das Natriumhydrocarbonat abgestumpft ist und damit die Bedingungen für Ausfällung von schwerlöslichem Bleicarbonat gegeben sind.

Zusammenfassung.

Bleicarbonat, Bleichromat und basisches Bleichromat geben beim Schütteln mit verdünnten Lösungen von $NaHCO_3$, auch in Gegenwart von $NaCl$ und freier Kohlensäure, bei 37^0 nur 0,3 bis höchstens 4,6 mg Pb an 1 Liter Lösung ab.

Danach ist im menschlichen Organismus die Aufnahme gesundheitlich bedenklicher Bleimengen durch die lösende Wirkung von Pankreassaft und Darmsaft auf die genannten Bleiverbindungen nicht zu befürchten.

Die maßanalytische Bestimmung kleiner Bleimengen nach Fällung als Bleichromat läßt sich auch bei hohem Salzgehalt der Lösung anwenden, wenn man das Blei zuvor als Bleisulfid abtrennt.

Berlin, Chemisches Laboratorium des Kaiserlichen Gesundheitsamtes, im Juni 1913.

---

[1]) Beck und Stegmüller, Arb. a. d. Kaiserl. Gesundheitsamte **34**, 473 ff. (1910).